KB024834

오렌지카운티에 산다는 건

– 공간을 넘어 장소에 대한 사유 –

오렌지카운티에 산다는 건

초판 1쇄 발행 2021년 3월 12일

지은이 오인혜

펴낸이 김선기
펴낸곳 (주)푸른길
출판등록 1996년 4월 12일 제16-1292호
주소 (08377) 서울시 구로구 디지털로 33길 48 대륭포스트타워 7차 1008호
전화 02-523-2907, 6942-9570-2
팩스 02-523-2951
이메일 purungilbook@naver.com
홈페이지 www.purungil.co.kr

ISBN 978-89-6291-896-0 03980

오렌지카운티에 산다는 건

공간을 넘어 장소에 대한 사유

푸른길

추천사

장소심리학의 눈으로 보는 장소에 대한 놀라운 사유

서울대학교 사회과학대학 지리학과 박사과정에 다니던 학생이 어느 날 미국 캘리포니아주 로스앤젤레스 근교의 팔로스 버디스Palos Verdes에서 뜻밖의 프로포즈를 받고 인생의 새로운 길로 접어들었다. 내 제자 오인혜 박사의 이야기다. 박사학위를 받고 지금은 재미 교포로서 한 가족을 일구고 살고 있고, 지리학자로서의 삶도 이어 가고 있다. 나한테는 오인혜 박사가 지리학자라는 이미지가 강해서 그런지 '재미 교포로서의 삶'이라는 맥락이 낯설기만 하다. 미국에 정착한 지 10여 년이 흘렀는데도 말이다. 그동안 늘 이메일과 카드로 자신이 미국에서 살아가는 삶에 대한 소식을 꼬박꼬박 나한테 전해 주던 심성이 아주 고운 제자이다.

작년 12월 어느 날 이메일을 열어 보니 연말연시 인사와 함께 자신이 쓰고 있는 책 한 권의 초고를 보내 주며 조심스럽게 추천사를 부탁했다. 출판사도 마침 친한 친구가 운영하는 곳이고, 그동안 지리학 관련 도서를 아주 열심히 출판하는 곳이어서 흔쾌히 쓰겠다고 했다. 학교 선생이 되어서 제자의 좋은 글에 추천사를 쓰는 것만큼 즐거운 일도 없다.

이 책은 내용과 구성, 글의 형식이 독특하다. 이론과 현실, 학술과 수필이 절묘하게 어우러졌다. 훌륭한 지리학자로서 장소의 의미를 깊게 고찰하는 학술서이다. 그러면서도 수필가로서 자질 또한 기대되는 글솜씨로 미국 오렌지카운티에서 전개되는 한 인생의 개인사이자 이민사, 엄마와 여성으로서 인생사가 버무려진 독특한 장르의 책이다. 그런 만큼 읽기 쉽게 하는 친절을 제공하면서도 깊은 의미를 곱씹게 하는 내용으로 채워져 있다. 어느 하나의 틀에 갇히지 않는 글쓰기이다. 삶과 글쓰기 모두에서 새로운 길을 내는 자유로움이 있어 부럽다.

무엇보다도 이 책은 학술서로서 가치가 풍부하다. 저자 또한 나를 지도교수로 하여 서울대학교 지리학과에서 박사학위를 취득한 전문 지리학자이다. 내가 연구년을 지내기 위해 미국 실리콘밸리의 스탠퍼드대학교에 있을 때, 로스앤젤레스에서 조금 떨어진 오렌지카운티의 라구나 비치에서 만나 박사학위논문 지도를 했었기 때문에 그 어떤 박사 논문보다 감회가 더욱 새롭다. 이 책의 저자는 2013년 2월『재미 교포의 북한에 대한 장소감과 행동양식: 장소심리학적 접근』이라는 논문으로 박사학위를 취득했다. 이 논문은 장소심리학적 접근을 통해 재미 교포가 형성하고 있는 북한에 대한 장소감과 행동 양식의 연계를 밝히는 것이었다. 이때에도 저자는 박사 논문에서 "북한이라는 차가운 타자의 공간이 장소감에 따라 삶의 장소로 인식될 것이다."라는 예사롭지 않은 인식과 필력을 보여줬다. 장소심리학이라는 관점은 당시까지도 우리 학계에서 본격적인 학위 논문 접근으로 시도되지 않았기 때문에 지도교수로서 깊은 인상을 받았다. 앞으로 중요한 학술적 의의가 있는 접근이 될 것이니 이 분야를 더욱 개척하여 보라고 적극 권유했던 기억이 있다.

이처럼 이 책은 무엇보다도 장소심리학 분야를 개척하고 있는 전문가의 시각을 바탕으로 하고 있다. 지리학의 중요한 개념이면서 많은 쟁점을 형성하고 있어 결코 쉽지만은 않은 학술개념들을 다양하고도 적절하게 사용하여 글의 깊이를 더해 준다. 심상 지도(menatal map), 장소감(sense of place), 장소 애착(place attachment), 장소 정체성(place identity), 무장소성(placelessness), 장소 심리적 시차 증후군(place-based psychological jet lag), 회상 기억(autobiography memory), 토포필리아topophilia(장소 사랑), 토포포비아topophobia(장소 공포감), 트로포필리아tropophilia(유목애) 등이 그것이다. 그중에서도 나의 눈을 확 끌어당기는 개념이 오인혜 박사가 꺼내든 '장소 심리적 시차 증후군' 개념이다. 새로운 장소로 이주하면서 기존에 익숙하던 장소에서의 기억과 사고방식, 습관이 일정 기간 지속되면서 실제 몸과 생활이 전개되는 새로운 장소에 잘 적응하지 못하는 상태를 가리키기 위해 사용하고 있다. 그 사이 많은 학문적 진전이 있었다는 것을 이 개념의 도출에서 알 수 있었고, 그러한 노력이 더할 나위 없이 고마웠다.

이 어려운 개념들을 적절한 사례와 인생 경험과 이론을 들어서 생생하면서도 담담하게 그리고 담백하게 보여 준다. 오인혜 박사가 세상살이를 장소심리학의 관점에서 아주 섬세하게 살펴보고 있다는 것은 이 책의 첫 페이지를 들어가는 순간부터 강력하게 드러난다. 미국살이 경험을 책으로 낸다면 무언가 거창한 경관이나 사건을 들어서 요란하게 글을 시작할 법도 한데, 전혀 예상치도 못하게 미국 시골의 한적한 길을 어떤 사람이 걸어가는 장면으로 시작한다. 어떠한 길을 어떠한 사람이 걸어가는가에 따라 그 길과 사람의 어울림 여부를 예리하게 드러낸다. 조용하고도 섬세하지만 사람과 장소의 관계에 대한 근원적 성찰 방법과 강력한 울림을 주는 것이다. 이러한 방법론적 독특함은 미국 할머니들의 집에 대한 애착을 그리는 데에서도 잘 나타나고, 장소에 대한 정서를 말하는 곳이면 어김없이 잘 나타난다. 그래서 이러한 통찰을 바탕으로 "익숙한 곳을 떠나는 순간 우리는 비로소 우리가 존재하던 곳이 얼마나 나를 나답게 만들어 갔는지 알게 된다.", "장소감은 결국 존재감을 뒷받침"한다고 오인혜 박사는 말한다. 그렇다. 이러한 사고를 좀 더 발전시키자면 장소는 존재 증명이기도 하고, 부존재 증명이기도 한 것이다. 장소가 있음으로 인해 내가 존재하는 것이고, 장소에 내가 없음으로 인해 장소의 속성에서 나의 부존재를 도드라지게 한다.

이렇듯 장소는 사람과 결합되고, 그 장소에 바탕을 두고 사람과 사람의 관계가 맺어지며, 자연지리와 인문지리가 어우러져서 엄청난 생동감을 낳는다. 그리고 시간과 함께 인간과 자연이 뒤엉킨 장소의 층위들이 켜켜이 쌓이며 기록되고 또 미래로 오래 지속된다. 오박사가 이 책 곳곳에서 그린 구절들이 이를 잘 보여 준다. "오렌지카운티에 늦가을마다 번지는 산불과 잊을 만하면 우리의 몸과 마음을 흔드는 지진, 타들어 가는 듯한 오랜 가뭄, 오르내리는 기름값 등, 모든 크고 작은 사건들이 이주민들의 삶 속에 새겨져 장소감을 만들어 간다.", "낯선 이주지는 이주민에게 어서 이곳에 적응하라고 보이지 않는 압력을 가한다. 그렇지 못하면 도태되거나 아웃사이더가 된다고 엄포를 놓는 듯하다. …… 미국에 살면서 처음에는 느끼지 못했지만 거주 기간이 점차 길어지면서 특정 인종들이 모여 사는 시(city)들을 자연스럽게 알게 되었다. …… 각각의 타운들을 방문하면 그 나라의 상품을 파는 고유한 마트들이 자리 잡고 있다. 다양한 장소들을 바라보다 보면 가끔 이곳이 누구의 땅인지 의문이 들 때가 있다."

이 책은 지리적 실체이자 세상을 보는 하나의 관점이기도 한 장소라는 렌즈를 통해서 인간의 실존을 우리 일상에서 되돌아보게 하는 아주 훌륭한 저작이다. 오박사가 2009년 이민 가서 처음 맞은 생일날 일기장에 "나는 가끔 이곳에서 내가 아무것도 할 수 없을까 봐 두렵다."라고 썼다. 불법체류자들의 인간적 실존을 보호하던 제도의 폐지를 둘러싸고 벌인 시위대의 노란 팻말에 적힌 "Home Is Here(나의 집은 바로 이곳)"를 보고 정치와 사법제도가 과연 장소에 대한 인간의 본질적 준거까지 박탈할 수 있는가를 저자는 고민했다고 한다.

그렇기에 역지사지의 입장에서 이 책에서 사용하고 있는 관점은 우리나라에서 살거나 이러저러한 이유로 체류하고 있는 수많은 외국인 이주자들에 대한 인식과 정책 대안 마련에서도 중요하게 받아들여야 할 것들이다. 이민자는 아무리 좋은 장소라도 살기에 어려운 것이다. 어느 하나 익숙한 것이 없어 늘 낯선 장소이고, 긴장해야 한다. 그래서 근육도 늘 긴장하고, 뭉쳐 있고, 더 피곤한 것이다. 익숙해지기 전까지는 말이다. 그렇기에 긍정적 장소감과 장소 애착을 갖게 하는 것은 돈보다도 중요하게 생존의 터전을 근본적으로 마련해 주는 장치이다. 이러한 장소 기반 해결책에 중요한 단서가 있다. 바로 오인혜 박사가 이 책에서 살피고 있는 토포필리아topophilia, 토포포비아topophobia, 트로포필리아tropophilia의 삼중 변증법이다.

"언제든 한국으로 돌아갈 수 있는 리턴 비행기 표를 1년 동안 소중히 보관하며, 낯선 미국에서" 살아가던 내 제자는 이제는 오렌지카운티 동네 공원을 기쁘게 산책하며 여유로움을 누릴 수 있는 '지역 주민'이 되었다. 그리고 "그러한 뿌리내림이 오히려 흔들림 없이 나의 고국을 마음껏 사랑할 수 있는 자양분이 된다는 것을 나는 알게 되었다."라고 말한다. 장소의 감각이 있어야 흐름과 이동의 감각을 향유하고 이해할 수 있다. 장소와 흐름은 변증법 관계라는 이치이다. 장소와 흐름은 모순이자 서로의 발전을 위해 서로를 규정하고 이끄는 범주이다. 저자가 살피고 있는 오렌지카운티의 트라이시티 코리아타운이 새로이 성장하면서 재미 교포의 구심점으로서 한국적 정체성을 미국 사정에 맞게 심듯이 서울의 한복판에서 또 다른 글로벌 정체성이 나날이 성장하고 있다. 글로벌 다중 정체성이 이제는 우리 실존의 본질인지도 모를 일이다.

이 책의 또 다른 중요한 특징은 이 책 전편에 흐르는 따스함이다. 이는 저자의 심성이 오롯이 배어 있기에 가능할 것이다. 세상을 보는 저자의 눈과 마음이 따스하지 못하다면 전혀 다른 세상이 보일 것이기 때문이다. 모든 것이 치열하고, 치열함을 요구하는 각박한 세상에서 삶의 장소에 대한 따뜻한 애착의 시선을 바탕으로 잔잔함을 주는 책이다. 저자의 말대로 낯선 장소에서 흰 도화지에 무엇을 그려야 할지 전혀 몰랐던 때부터 이제는 마음까지 담아서 미래까지 그릴 수 있는 장소가 된 곳에서 삶을 표현하고 있다. 저자가 인용한 율라 비스Eula Biss의 말처럼 "우리는 서로의 환경이다. 사람보다 더 중요한 환경은 없을 것이다."

'코로나19'를 통해 비로소 우리가 세계사적 공생의 시대에 살고 있음을 깨닫는다. 범사에 감사해야 한다는 말과 소소한 일상의 소중함을 일깨워 주는 시기를 지나고 있다. 오인혜 박사의 이 책은 장소심리학이라는 학술적 통찰을 크게 던지는 것은 물론, 장소라는 사유 방식으로 일상의 소중함을 일깨워 주는 더할 나위가 없는 책이다.

끝으로 세상은 누가 뭐래도 긍정의 힘을 가진 사람이 끌고 가게 마련이다. 오인혜 박사가 세상을 사는 긍정의 힘을 우리 모두가 가져야 한다. 저자가 이 책에서 쓴 다음의 글로 나의 추천사를 갈무리한다. 요즘 대학에 다니는 내 딸이 혼자 자취를 하겠다고 선포하는 바람에 아내가 엄마로서 못내 서운함을 넘어 배신감을 표출하는 상황과도 너무 잘 맞는다.

"폴 투르니에는 『인간의 자리』에서 인간이 지니는 중간 지대의 불안함에 대해 말했다. 그것은 공중 곡예를 할 때, 한쪽 그네에서 손을 놓아야 다른 쪽 그네로 갈 수 있는 그 지점을 말한다. 우리는 얼마나 손을 놓기를 불안해하는지 …… 그것은 더 멋진 곡예와 피날레를 위한 시작일 텐데 …… 우리는 불확실성 속에서도 손을 놓을 줄 알아야 하고, 그래야만 새로운 세계로 나아가게 된다는 것을 기억해야 한다. 이민이란 선택과 행동 또한 꽉 잡고 있던 손을 놓고 공중에 홀로 떠 있는 그 중간 지대의 두려움을 넘어 반대편의 새로운 그네를 붙잡는 순간과 같다. 그러고 나면 그네가 인도하는 또 다른 세계를 향해 날아간다."

좋은 글을 쓰는 훌륭한 제자를 둔 스승만큼 기쁜 일도 없다.

2021년 3월

서울대학교 지리학과 교수 김용창

차례

들어가는 말

이 땅은 누구의 땅인가?

한국에서 유학 온 조카를 팍스 주니어 하이Parks Jr High중학교에 내려다 주고 서니리지Sunnyridge길을 돌아올 때, 아침엔 학교에 늦을까 봐 옆을 둘러볼 여유도 없이 앞만 보며 운전하느라 보지 못했던 풍경들이 눈에 들어온다. 조카를 학교에 내려 주고 돌아오는 길은 숙제를 방금 끝낸 듯, 시험이 끝난 듯 늘 마음이 여유롭다. 말을 타고 다닐 수 있도록 하얀 울타리가 쳐진 길 옆 산책로에 한인 할머니와 할아버지들이 산책하는 모습을 보곤 한다. 그러면 왠지 그분들의 모습이 동네 모습과 어울리지 않고 어색해 보인다. 시골의 한적한 흙길을 걷고 있으면 자연스러울 것만 같은 분들이 미국의 낯선 길을 빠른 걸음으로 걷고 있는 것을 보면 나는 괜시리 마음 한켠이 저린다. 반면에 키가 큰 백인 할아버지가 터덜터덜 길을 걷고 있으면 왠지 그와 길이 하나가 된 것처럼 어울려 보인다. 아침부터 온몸을 타이즈 복장으로 무장하고 자전거를 타는 가족이 지나가는 것을 보고 '그래, 이곳은 너희들의 장소구나'라고 생각이 들 만큼 머리부터 발 끝까지 자연스럽게 느껴졌

고, 이 길이 원래 이런 자전거를 타는 곳이라는 것을 깨닫게 된다. 어떤 날은 한 무리의 말을 타는 사람들을 보기도 한다. 종종 말이 다니는 길을 보았고, 길이 끝날 무렵이나 커브를 도는 곳에는 말 그림 표시도 되어 있었다.

긴 금발 머리의 백인 여자와 건장해 보이는 백인 남자들이 큰 말을 타고 지나가면 장소와 참 잘 어울린다는 생각을 한다. 그래서 나는 계속 생각해 본다.

'한인들이 점점 늘고 있는 이 땅은 누구의 땅일까?'라고….

제1장

공간과 장소, 장소와 사람

인본주의 지리학에서는 장소place와 공간space의 의미를 밝히기 위해 끊임없이 노력해 왔다. 공간이 객관적이고 도표 위에 찍힌 점처럼 차가운 의미를 갖는다면, 장소는 주관적이며 추억과 감정이 나이테같이 새겨진 따뜻한 공간이라 할 수 있다. 공간은 우리가 살아가면서 마주하는 길이나 학교, 조금은 추상적인 커뮤니티나 마을, 나아가 사이버 공간까지도 아우른다. 공기처럼 의식하지 못하는 순간에도 공간은 우리를 끊임없이 둘러싸고 있고, 어쩌면 인생 자체는 출발하는 순간부터 이미 어떠한 공간 안에 놓여진다고 할 수 있다.

그렇다면 장소란 무엇일까. 장소란 무수히 많은 공간들이 개인적인 의미를 담으면서 특별한 감정이 새겨진 공간을 말한다. 사랑하는 사람과 걸었던 거리와 잠시 쉬어 갔던 벤치, 웃음을 나누며 발을 적셨던 바닷가는 이제 더 이상 객관적일 수 없다. 장소란 고향과 같이 추억이 담긴 포근한 공간이라 할 수 있다. 한 인간을 둘러싼 공간은 생애를 통해 장소가 되어 가고, 자연스러운 삶을 통해 수많은 장소를 계속해서 만들어 간다.

장소는 지리학의 오랜 연구 주제인 만큼 많은 학자들에 의해 정의되어 왔다. 『장소와 장소 상실』이라는 책에서 렐프Relph(1976)는 이와 같은 장소를 인간 존재의 심오한 중심으로 보았다. 인간의 심장은 어쩌면 땅과 함께 뛰고 있는 것인지도 모르겠다. 코헨(1982)은 장소를 존재의 특성을 인식하고 세상을 의식하는 곳이라고 정의했는데, 이는 자신을 냉철히 인식할 수 있는 사람이 다른 세계로 나아가서도 흔들리지 않고 굳건히 설 수 있기 때문일 것이다. '토포필리아tophphilia(장소 사랑)'라는 용어를 처음 사용한 투안Tuan(1976)은 장소를 정서와 가치, 경험과 열정의 중심으로 간주했다. 그리고 실존주의 철학자 하이데거Martin Heidegger는 장소를 "거주하는 자들의 운명이 표현된 곳"으로 묘사했는데, 실제로 한 사람의 인생에서 장소가 미치는 영향력은 압도적이다. 하지만 우리가 무심코 숨을 쉬는 것처럼 쉽사리 그것을 인식하지 못하고 살아간다. 동네 작은 공원의 벤치와 서서히 멈추어 가는 그네, 정해진 시간마다 성실하게 불을 밝히는 가로등, 계절마다 바뀌는 나무들, 피고 지는 꽃무리들 …. 우리는 그렇게 자연과 사람이 만들어 놓은 공간 안에 살아가고 있으면서 정작 소중한 의미를 담은 장소로는 생각해 보지 못하는 것 같다. 익숙한 곳을 떠나는 순간 우리는 비로소 우리가 존재하던 곳이 얼마나 '나'를 '나답게' 만들어 놨는지 알게 된다. 새로운 학교로 진학하는 것, 새로운 동네로 이사가는 것, 결혼을 해서 새로운 가정을 이루는 것 등 때로는 등떠밀리듯, 때로는 비장한 마음을 품고 스스로 떠나서 새로운 공간을 만나면 나 자신이 얼마나 예전의 장소를 사랑했는지, 함께 숨 쉬고 있었는지 실감하게 된다. 오래 전에 탈북한 분들을 인터뷰한 적이 있는데 꿈속에서 북녘에서 걷던 거리나 마을이 떠올라 아련하다고 말하던 것이 생각난다. 나도 이민자가 된 지금, 가끔 어린 시절 거닐던 골목길과 눈썰매 타던 언덕이 생각나곤 하는데, 그때마다 타자의 입장에서 담담히 들었던 인터뷰의 기억이 떠오르곤 한다.

요즘처럼 이주가 많은 시대에는 새롭게 만난 타자의 공간이 흐르는 시간과 함께 의미 있는 장소가 되어 가는 것을 많이 경험한다. 우리가 일상에서 누군가와 약속을 할 때 시간과 장소를 정해야만 하듯, 의식하지 못하는 순간에도 역사라는 수직축과 지리라는 수평축이 끊임없이 인류를 지탱하고 있다. 수없이 많은 장소는 다양한 의미를 가지며, 때로는 세계라는 지평을 넘어 '마음속의 지도'와 같은 형태로 존재한다. 생각해 보면 많은 예술 작품들에도 그 배경이 되는 장소가 등장한다. 유럽의 어느 작은 도시, 남미의 열정적인 해변가, 뉴욕의 빈민가, 서울의 오랜 시간이 쌓인 역사 거리들, 그리고 그 속에 주인공이 존재한다. 주인공은 종종 아티스트 자신일 수 있고, 자신이 만들어 낸 상상 속의 존재일 수도 있을 것이다. 주인공은 그 도시나 거리에서 자라면서 자신다움을 형성해 가고, 다시 그곳에 자신으로 말미암은 특별한 의미를 부여하는 영향력을 갖는다. 인간이 공간에 미치는 영향력과 반대 의미에서 공간이 한 인간이 성숙하는 데 미치는 영향력에 대한 담론은 계속되고 있다. 이런 거창한 설명이 아니어도 장소란 태어나서 숨을 거두는 순간까지 전 생애를 통해 누구에게나 존재의 터전이 되고, 삶의 무대가 되는 곳이다. 때로는 장소가 우리에게 어두운 이야기를 전해 주기도 한다. 범죄의 현장이나 전쟁의 기록, 음침한 뒷골목 등을 생각해 보라. 미국의 지리학자 벙기Bunge는 쥐에 물린 아이들이 사는 곳을 지도화하여 위생적으로 매우 위험한 빈곤 지역을 찾아냄으로써 사회적 파장을 일으키기도 했다. 즉 장소를 들여다보면 그곳에 살고 있는 사람들의 삶을 추측해 볼 수 있는 것이다.

1. 마음에 새겨진 장소를 인화하다: 장소감

장소감sense of place은 지리적 사상을 바탕으로 하는 지식과 그 장소 안에 살고 있는 인간이 부여한 의미의 세계가 결합하여 생성된다. 장소감은 개인마다 다른 독특한 환경과 경험에 의해 고유하게 형성되는 장소에 대한 감정이다. 즉 소속감과 일체감, 애착 등을 포함하는 장소에 대한 총체적인 인식이라 할 수 있다. 장소감은 세계화와 그로 인한 범세계적인 이주에 의한 고향 상실과 정체성의 문제와 관계 있기 때문에 그 중요성이 점차 커지고 있다. 특히 이민자들이 모국과 이민국에 대해 갖는 장소감은 한인이라는 뿌리 의식을 바탕으로 당당한 미국 사회 구성원으로서 바람직한 역할을 담당해 가는 데 영향력을 미친다. 장소감은 결국 존재감sense of being을 뒷받침하기 때문이다.

동일한 장소도 그곳에서 이루어진 경험에 따라 상반된 장소감을 갖기도 한다. 사랑하는 사람과 행복하게 걸었던 길에서 슬픈 이별을 경험하게 되는 순간, 그 길목은 한 존재에게 어떠한 장소로서의 의미를 갖게 될지 짐작할 수 있다. 그것은 행복한 미소를 짓던 추억의 장소이자 마음 한켠에 남겨진 할퀸 자국 같은 곳이 된다.

큰 붓으로 칠해 놓은 듯한 붉은 하늘

10년 전 남부 캘리포니아Southern California 해변가의 어느 절벽에서 고백을 받았던 기억이 하늘에서 구름이 몽글거리며 피어오르듯 생각난다. 연구차 미국을 잠시 방문했던 터라 한국으로 돌아가는 출국 일정이 1주일밖에 남지 않았고, 한번도 미국에서 살아갈 것이라고 생각하지 못했기 때문에 아쉬움과 함께 거절했었다. 그리고 시간이 흘러 다시 만나게 되었을 때, 우리는 헤어졌던 장소인 팔로스 버디스Palos Verdes 언덕으로 함께 갔다. 끝없이 펼쳐진 바다와 마치 큰 붓으로 수없이 다양한 명도의 붉은색을 하늘에 층층이 칠해 놓은 듯한 해지는 하늘을 배경 삼아 다시 프로포즈를 받았다. 그는 이곳을 거절 받았던 슬픈 기억의 장소가 아닌 다시 사랑이 시작되는 아름다운 장소로 기억하고 싶다는 말도 함께 했다. 아마 이때가 인생에서 가장 행복했던 시간 중의 한 순간일 것이다.

무엇보다 헤어짐의 장소가 삶의 동반자로서의 언약의 장소가 되었다는 것이 내게는 너무 뜻깊은 일이었다. 비록 다른 문화권에서 자란 두 사람이 동행하는 그 삶이 무대의 조명이 꺼진 뒤의 적막함처럼 맞닥뜨리기 쉽지

팔로스 버디스의 언덕과 일몰(출처: Andy Konieczny)

않은 여정일지라도 나는 그 시간을 너무나 소중하게 기억한다.

이처럼 같은 장소도 같은 사람에게 다양한 의미로 다가올 수 있고, 때로는 다양한 사람들에게 그보다 더 다채로운 의미를 품는 곳이 되기도 한다. 신혼부부가 새로운 보금자리를 찾아 떠난 집에 어느 노부부가 이사를 왔다면 같은 집이지만 그 집에 부여하는 의미는 달라진다. 신혼부부에게는 새로운 출발점이자 미래를 꿈꾸는 곳이었다면 노부부에게는 지나온 삶을 돌아보고 생을 마감할 준비를 하는 장소가 된다.

어느 곳이나 마찬가지겠지만 이주지의 장소도 여러 중첩된 장소의 의미를 갖는다. 처음 이민 왔을 때 마치 '너는 누구냐?'고 묻고 있는 것처럼 낯설기만 했던 웅장한 바위산들이 어느새 친근해지는 경험을 하기도 한다.

동네에서 교통의 흐름에 따라 움직이는 차들을 바라보며 '저 안에는 누가, 어떤 인종의 사람들이 운전하고 있을까?', '어디에서 어디로 가고 있을까?' 하는 의문들이 어느 순간 그저 익숙해지며, '그저 나처럼 이곳에서 살아가는 사람들이겠지' 하며 신경쓰지 않게 되었다. 하지만 익숙해졌다고 느껴지던 어느 날, 공원을 끼고 구부러진 길을 돌며 걷는 동네 산책로에서 어떤 사람이 차를 훔쳐 도주하면서 차창 밖을 향해 무작위로 총을 쏘았다는 특별한 뉴스를 들었을 때에는 다시 낯설음과 두려움이 고개를 들기도 했다. 당시 친구의 오빠는 공원 옆에 주차해 놓고 잠시 쉬고 있었는데, 총소리가 들려 무작정 운전대 밑으로 숨었다고 한다. 나중에야 차에 총알 자국이 있는 것을 보고 안도의 한숨을 쉬었다고 한다. 총격전이 있을 때에는 집안에 머물 때라도 창가 쪽에는 앉지 말라는 이유를 그때 알게 되었다.

이민자들의 땅은 호기심에서 익숙함으로, 혹은 낯설음에서 포근함으로, 어떤 이들에게는 희망에서 실망 또는 절망으로, 그리고 다시 감사로 이어지는 삶의 무대이다. 마지막을 감사라고 말하는 이유는 인간이라면 누구나 맞이하게 될 마지막 순간이 영원한 장소로의 이주로 인한 감사이길 바라는 마음 때문이다. 모든 장소는 흐르는 시간과 함께 친구가 되어 주며, 각 존재에게 다른 메세지를 남긴다. 비록 공기가 우리 눈에 보이지 않지만 우리가 그 안에서 숨쉬고 있는 것처럼, 장소란 우리를 키워 내는 자양분인 동시에 우리가 만들어 가는 곳이다. 매력적이고 화려한 곳일 수 있고, 순박하고 포근한 곳일 수 있으며, 행복이 깃들거나 슬픔이 묻어 있는 곳일 수도 있다. 하지만 장소는 끊임없이 변화하면서 현재뿐만 아니라 과거를 들여다볼 수 있는 거울이 되기도 한다. 오늘의 마천루가 경제적 중심지를 상징한다면, 궁이나 오래된 건축물이 있는 역사 거리는 어제의 이야기들을 들려 준다. 뭐랄까, 장소는 세월과 함께 축적된 단층과 같은 장소성placeness을 만들어 간다고 할까?

이민 초기 낯설었던 이국의 산

이처럼 장소감은 태어나는 순간 어떠한 장소 안에 놓여진 인간이 그 환경 속에서 성장하며 다시 그 장소에 부여하는 의미의 세계라고 할 수 있다. 한 인간이 태어나서 겪는 가족과의 관계, 혹은 친척이나 친구들과의 경험은 이후의 학교생활이나 직장생활과도 연계된다. 경험이라는 자극을 통해 형성된 감정과 태도, 생각과 신념은 행동을 더 잘 예측할 수 있게 해 준다. 이것이 심리학적 관점이라면 지리학적 관점은 인간을 둘러싼 생활공간과 자연환경이 자극이 되고, 이에 대한 비교적 지속적으로 유지되는 개인의 장소감이 행태와 연결된다. 이것은 공간과 관련된 감정의 경향이 태도와 행동을 예측할 수 있게 해 준다는 데 그 중요성을 갖는다. 그림 1-1 장소감의 형성과 행동 프로세스를 보면 더 잘 이해할 수 있다.

인간이 자신의 삶을 살아가는 생활 공간(사회)은 집이나 학교, 직장은 물론이고 이동하며 걷고, 바라보는 수많은 도시의 삶의 흔적일 수 있다. 때로는 행정기관이나 법이 집행되는 공적 공간이 되기도 하고 역사적인 상징물이 될 수도 있다. 이런 모든 공간이 장소감을 형성하는 데 작은 파장이 될 수 있다. 자연환경은 압도적으로 아름다운 자연 그대로일 수 있고, 극복해

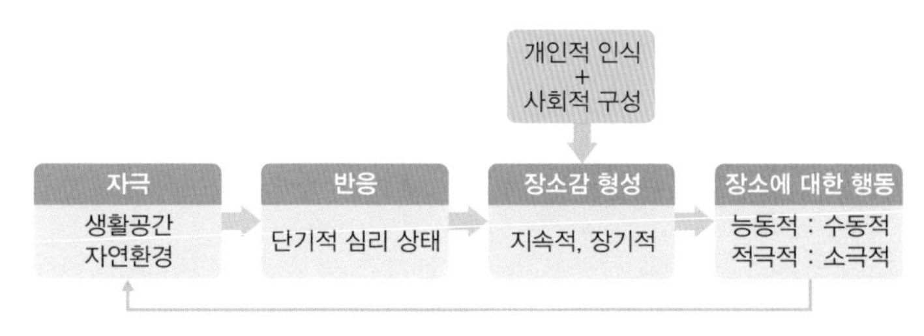

그림 1-1 장소감의 형성과 행동 프로세스

야 할 대상도 될 수 있다. 장소감을 구성하는 데 있어서 자연은 사람에게 많은 영감을 주고 삶에 영향을 미친다. 이러한 자극에 대한 단기적인 심리적 상태가 개인적 인식과 사회적 구성을 통해 장기적이고 지속적으로 유지되는 장소감을 형성하게 된다.

사회적 구성에 잠시 주목해 보려 한다. 장소감은 개인마다 다른 환경과 경험에 의해 고유하게 형성되지만 어쩌면 이미 우리가 선택할 수 있는 환경은 제한되어 있기도 하다. 장소감이 각 존재마다 형성한 독특한 감정이지만 한 사람의 삶에 영향을 미칠 만큼 강렬한 경험을 할 수 있는 장소는 사회적으로 제약되어 있다. 집을 중심으로 주변에 대해 그림을 그려 달라는 멘탈맵mental map에 대한 실험에서도 경제력과 학력이 높은 집단은 집에서 보다 멀고 다양한 지역과 의미 있는 장소들을 상세히 그려낼 수 있었지만 반대의 경우 집을 중심으로 가까운 몇 곳만을 단순히 표시해 낼 수 있었다. 영화 『검사외전』을 보면 살인 누명을 쓰고 감옥에 갇힌 검사 황정민이 펜실베니아 대학 졸업생을 사칭하는 사기꾼 강동원을 물끄러미 바라보며 "네가 한 번도 비행기를 타 본 적이 없다는 것도 알고 있다."라고 말하는 장면이 나온다. 그 대사가 어쩐지 나의 마음 한켠에 짠하게 남아 있다. 세계 곳곳을 자유롭게 여행하는 친구들을 볼 때, 한 번도 해외여행을 해 보지 못한 벗이 가끔 생각나 마음 한편이 왠지 모르게 아리기도 했다. 그렇게 장소감은 개인의 경험을 바탕으로 형성되지만, 경험이란 것은 사회의 매트릭스 안에서 이루어지는 경우가 많은 것이 사실이다.

조금 다른 시각이지만 우리가 잘 알고 있다고 생각하는 지금 살고 있는 장소에 대한 인식조차도 때로는 미디어나 권력이 제시하는 이미지를 투과해 받아들이기도 한다. 에드워드 렐프(1976)는 일률화되고 상업화되어 가는 경관에 대해 비진정성inauthenticity을 갖는 무장소성placelessness이라고 비판했는데, 이것은 세계의 도시들이 자신만의 색깔을 잃어 가고 특별함이 사라져 가는 것에 대한 안타까움을 담고 있다. 아마도 한국의 경우는 개발이라는 이름으로 사라져 간 수많은 골목길들과 아기자기한 가게들, 전통 가옥들 같은 고유한 문화유산들이 해당될 것이다.

장소감에 대한 이야기를 요약해 보고자 한다. 장소감은 어떤 장소에 대한 경험을 바탕으로 의식하지 못하는 가운데 형성되는 장기적이고 지속적인 감정으로, 개인이나 집단이라는 주체가 사회·물리적 환경과 연계되어 발전하는 인식과 호감, 그리고 그와 연계된 행태라 할 수 있다.

오렌지카운티에 늦가을마다 번지는 산불과 잊을 만하면 우리의 몸과 마음을 흔드는 지진, 타들어 가는 듯한 오랜 가뭄, 오르내리는 기름값 등 모든 크고 작은 사건들이 이주민들의 삶 속에 새겨져 장소감을 만들어 간다.

2019년 10월쯤에 한국에서 고등학교에 다니는 조카가 잠시 놀러 왔을 때, 산불이 났다는 긴급 뉴스가 다급하게 전해졌다. 동네 뒷편 작은 캐년의 바싹 마른 들풀에서 시작된 산불이 점점 인가쪽으로 옮겨 왔다. 조카는 이런 경험이 처음이라며 굉장히 초조해했다. 경찰이 대피령을 내리면 우리도 집 밖으로 나가야 해서 계속 뉴스를 보면서 그렇게 밤을 보냈다. 내가 처음 미국에 와서 지진을 느꼈을 때 심장이 쿵쾅거리며 깜짝 놀랐던 기억이 새삼 떠올라 조카를 다독이며 손님으로 온 조카가 한국으로 무사귀환하길 빌었던 일이 생각난다. 올해도 어김없이 산불로 많은 한인들이 대피를 해야만 했다. 어바인Irvine과 요바 린다Yorba Linda 지역의 산불 소식이 계속해서 뉴스에 나올 때에는 마음도 함께 타들어 가는 듯했다. 2020년에 거세게 불어닥친 코로나와 산불 앞에서 인간의 연약함을 시인할 수밖에 없었다.

2. 뿌리 깊은 나무가 그늘을 만든다: 장소 애착

아기가 엄마에게 깊은 애착을 갖는 것처럼 인간이 어떠한 장소에 대해 뿌리 깊은 애정을 갖는 것을 장소 애착place attachment이라고 한다. 장소에 대한 애착은 개인적으로 특정한 장소를 좋아하고 만족을 느끼는 것을 넘어 지역사회에 다채로운 방식으로 반영된다는 데 중요성을 갖는다. 예를 들면 지역을 개발하거나 보존할 때, 혹은 지역의 지도자를 선출할 때 그곳에 깊은 애착을 가진 사람들이 보다 적극적으로 관여할 가능성이 높다. 때때로 우리는 이런 당연한 논리를 잘 인식하지 못하기도 한다. 내가 살아가는 곳을 사랑하고 관심 갖는 것, 그리고 사랑할 만한 곳으로 만들어 가는 것은 나뿐만 아니라 함께 살아가고 있는 이웃에게까지 좋은 영향력을 미치게 되는 것이다.

장소에 대한 동경과 사랑은 실제로 인간에게 중요한 필요needs이며 열망이 녹아든 경험의 중심이라 할 수 있다. 어렸을 때 좋아했던 어느 유명 만화작가는 꼼짝 못할 중병에 걸렸는데, 알프스에 가고 싶다는 열망만으로 무작정 그곳을 찾아가서 병을 고치게 되었다고 한다. 그러고 보니 알프스 소녀 하이디도 자신이 자라 온 알프스를 떠난 이후 밤하늘의 무수한 별들과 언덕, 양떼, 그리고 할아버지가 그리워 병이 들었던 것 같다.

장소 애착은 의식하지 못하는 순간에도 자신을 정의하는 필수적 요소가 된다. 예컨대 고향이 한 인간을 품어 준 둥지로서 애착을 형성하는 곳이라면, 살아가면서 펼쳐지는 미지의 세계는 새로운 뿌리내림과 상호작용을 통해 계속해서 애착과 정체성을 형성해 가는 공간이다. 최근 김미경의 북드라마에서 '역동적인 진정성'이라는 개념을 들었는데, 머릿속이 반짝하며 장소의 진정성에 대한 지리학자들의 고민과 연계하여 생각해 보게 되었다. 역동적인 진정성이라는 것은 바뀔 수 있는 미래의 나와 조화를 이루는 것으로, 장소와 그에 대한 애착은 단편적인 것이 아니라 종합적이며 다각적, 다층적인 변화 가능한 진정성을 갖는 것과 맥을 같이하는 것 같았다. 즉 장소에 대한 애착은 고향이나 과거 내가 좋아하던 장소에 고정된 것이 아니라, 인생의 다음 챕터에 마주할 수많은 장소를 열린 마음으로 맞이하는 적극적인 역동성도 포함하고 있는 것이다.

행복한 기억 만들기

장소 애착은 주로 긍정적인 경험과 연계된다. 사람들은 행복한 기억이 있는 곳을 다시 가 보고 싶어 한다. 아름다운 경관을 볼 수 있는 곳, 문화적 만족을 누릴 수 있는 곳, 혹은 개인이나 집단과 활발한 커뮤니케이션을 할 수 있는 곳에 애착을 갖게 되는 것이다.

서울대학교 심리학과의 최인철 교수는 자신의 인문학 강의에서 "행복하고 싶다면 행복한 사람 옆으로 가라"고 하며 행복을 좌우하는 중요한 요소 중의 하나로 '공간'을 언급했다. 즉 행복해지기 위해서는 제3의 공간이 필요하다는 것이다. 예를 들면 미국의 사회학자 올든버그Ray Oldenburg가 자신의 저서 『정말 좋은 공간』에서 제시한 스트레스 해소, 에너지 충전을 위한 별도의 공간을 말한다. 제1의 공간은 집, 제2의 공간은 회사, 그리고 제3의 공간은 격식과 서열이 없고, 소박하며, 수다가 있고, 출입의 자유와 음식이 있는 곳으로서, 자신만의 아지트를 말한다. 장소에 대한 애착이 행복한 삶에 있어서 얼마나 중요한지를 보여 준다. 강연을 들으며 오렌지카운티에서 대표적인 제3의 공간은 어디일지 잠시 고민해 보았다. 아마도 해변이 내려다보이는 넓은 창이 있는 레스토랑이 아닐까? 사랑하는 이들과 함께 바다를 바라보며 맛있게 저녁 식사를 하는 것은 생각만 해도 행복해진다. 연인이든 운명처럼 묶여진 가족이든 인간은 어느 한정된 시간만 함께할 수 있다는 것이 나이를 더할수록 더 가슴 깊이 다가오기 때문이다. 바쁜 일상에서는 쉽게 찾기 어려워 큰맘 먹고 가야 하는 곳일지라도, 오렌지카운티에 사는 많은 사람들을 미소 짓게 하는 추억의 장소일 것이 분명하다.

장소감의 하위 영역이라고도 할 수 있는 장소 애착은 감정의 영역이지만 사회적으로 구성되기도 하며, 지역을 발전시키는 원동력과 외부의 투자를 일으키는 조건이 된다는 점에서 그 중요성이 더 커지고 있다. 즉 실제 커뮤니티의 개발과 환경 개선에 있어서 장소 애착이 참여와 동기 부여

산 클레멘테 피어의 레스토랑(출처: Mike Edwards)

등의 부분에서 중요한 역할을 한다는 것이다. 브리커와 커스테터Bricker & Kerstetter(2000)도 특정 장소에 대한 애착은 단순한 감정의 기능적 측면을 넘어 행동으로 표현된 심오하고 복잡한 개념이라고 설명했다. 청년 시절 부모님의 소를 팔아 무작정 남쪽으로 내려와 세계적인 그룹 '현대'를 일구어 낸 정주영 회장이 소떼 500마리를 몰고 북한을 방문했던 것, 파키스탄의 부토 총리가 죽음의 위협을 무릅쓰고 고향의 흙냄새가 그리워 눈물을 흘리며 귀국했던 일들은 장소 애착이 인간의 중심에 얼마나 큰 무게추 역할을 하는지 짐작할 수 있다.

인간에게는 크게 중요한 8가지의 감정이 있는데, 그와 연계해서 반응하는 행동들을 예측해 볼 수 있다. 우월의 감정 경향과 지배 행동, 자애의 감정 경향과 원조 행동, 호의의 감정 경향과 친화 행동, 존경의 감정 경향과 의존 행동, 열등의 감정 경향과 복종 행동, 공포의 감정 경향과 회피 행동, 혐오의 감정 경향과 거부 행동, 경멸의 감정 경향과 공격 행동이 각각 연계되는 것을 보여 준다. 우리가 쉽게 느끼고 때로는 인지하지 못하는 감정이라는 영역이 우리의 행동에 있어서 얼마나 중요한 것인지 알 수 있다. 감정은 행동과 연계되기 때문에 장소에 대한 애착을 키워 가는 것이 이민자들의 현지 적응에 더욱 중요한 것이다. 반대의 시각에서 요즘에는 행동을 바꿔서 감정을 변화시키는 시도에 대한 이야기를 많이 한다. 기지개를 크게 켜고 어깨를 쭉 펴는 등의 신체 행동을 통해 공간을 보다 많이 점유함으로써 자신감을 갖는 것을 말한다. 지치고 위축될 때일수록 의도적으로 호흡을 깊게 해 보고 두 팔을 벌려 보는 것도 필요할 것이다.

결국 날마다 마주하는 환경 속에서 부정적 감정의 지배를 받지 않고 삶의 장소와 지역사회에 대한 올바른 행동을 적극적으로 수행해 가는 훈련과

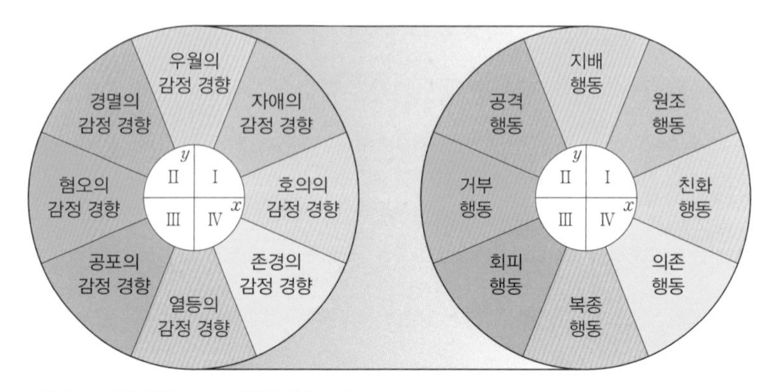

그림 1-2 감정 경향과 행동 경향의 연계 도식
출처: Freedman & Sears(1965), Saitou(1998), 최광선(2006)을 참고로 재구성(오인혜, 2013. p.47)

시행착오를 통해 이민 생활에도 성숙해져 가는 과정이 필요할 것이다. 대학원 시절 어떤 장소에 대해 친구와 같은 감정을 느꼈던 것을 기억한다. 규모가 있는 학술 행사 이후 만찬을 하는 장소였는데 홀이 끝없이 넓어 보였고 샹들리에도 너무 화려해 보였다. 그런데 시간이 지나 다시 그 장소를 방문했을 때 '어? 별로 넓지 않았었네. 그렇게 화려하지 않은 장소 같다.'라는 생각이 들었는데, 친구도 그때 같은 느낌이었다고 한다. 아마도 당시 둘 다 신입생이라 낯선 환경에 조금 위축된 상황이었기 때문일 것이다. 마치 어른이 되어서 예전에 다녔던 초등학교를 다시 찾아가면 '건물이 이렇게 작았나?', '의자와 책상이 이렇게 작았나?', '놀이터도 정말 작네.' 하고 느끼는 것과 같은 이치일 것이다. 처음 마주하는 장소는 그렇게 나를 작아지게 만들 수도 있지만 조금씩 그 장소와 친숙해지면 오히려 나라는 존재는 그 장소를 보다 편안하게 향유할 수 있게 되는 것 같다.

우리가 살아가는 장소에 대해 품게 되는 다양한 감정들(포근함과 익숙함, 혐오와 두려움 등)은 사회적 특성과 개인의 상황에 영향을 받게 된다. 타르탈리아Tartaglia(2006)는 이러한 점에 주목해서 커뮤니티에 대한 장소감sense of community 예측 모델을 개발했다.

첫째, 자신이 살아가고 있는 장소에 대한 애착은 근린 지역을 산책할 때 증가한다. 그리고 집을 소유하고 있고 거주 기간이 길수록 애정 또한 커진다고 한다.

둘째, 삶의 장소에 대한 만족감과 영향력은 연령이 높을수록 커진다. 가까운 공공장소나 공연장, 영화관, 콘서트장 등의 문화 공간을 방문할 때 커지며, 집과 직장이 가까울수록 더욱 커진다.

셋째, 사회적 유대감은 연령이 높을수록, 자녀의 수가 많을수록 커지며, 남성보다 여성이 높다.

끝으로 염려와 혼돈이 높을수록 커뮤니티에 대한 애착은 감소했다. 즉

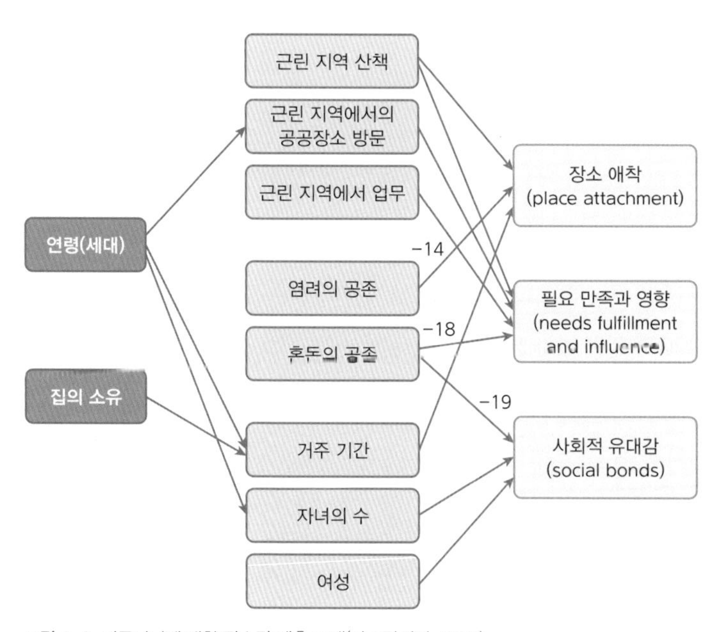

그림 1-3 커뮤니티에 대한 장소감 예측 모델(타르탈리아, 2006)

타르탈리아의 모델을 보면 범죄의 발생이나 혐오 시설, 사고 등과 같은 염려의 공존은 장소 애착에 대해 −14의 부정적 관계가 있었고, 미래에 대한 불확실함이나 직장, 결혼 등을 통한 이주 가능성 같은 혼돈의 공존은 만족감과 영향력과의 관계에서 −18로 나타났다. 또 혼돈의 공존과 사회적 유대감은 좀 더 부정적인 −19의 관계가 있었다. 이것을 제외한 모든 실선은 모두 긍정적인 방향으로 증가하는 양의 관계를 나타낸다.

이와 유사하게 국내 연구에서도 장소 애착에 대한 다양한 연구가 진행되었다. 일반적으로 장소 애착은 특정 장소에 살아온 기간이 길수록, 나이가 많을수록, 결혼을 한 경우, 주택이 좋을수록, 동네의 커뮤니티가 훌륭하고 교육 환경이 좋을수록 점점 더 확고해진다. 안정감이라는 것이 전제되어야 겠지만 우리가 밤에 잠자리에 들며 하루를 마감하고, 아침에 눈을 뜨며 새로운 하루를 맞이하면서 얼마나 감사하고 만족하는지가 내가 살아온 장소에 대한 뿌리 깊은 애착과 연계되는 것이다.

은사이기도 한 이은숙 교수는 장소에 대한 애착은 인생 행로의 한 현상으로, 인생 행로의 전후방과 연계를 지니고 존재의 감정에 영향을 준다고 했다. 어쩌면 교수님의 연구실에 들어갈 때마다 은은히 풍기는 커피향과 부드러운 카페트가 대학생인 나에게 알 수 없는 순간에 장소가 품고 있는 특유의 향기를 전해 준 것 같다. 『장소의 의미』라는 책의 저자이기도 한 마음속의 스승 류우익 선생님은 실제로 수없이 많은 장소를 답사하며 때로는 맨발로 흙길을 걷기도 하면서 장소에 대한 의미를 탐구하였다. 그러한 배움을 통해 나 역시 장소에 대한 연구를 지속하면서 한 사람이 밟은 땅은 다음 단계로 넘어가기 위한 디딤돌이라는 생각을 하게 되었다. 지금은 의미 없어 보이는 곳에 내가 있을지라도 그것은 분명 인생의 다음 문이 열릴 때

꼭 필요했던 시간일 수 있다. 간혹 낭떠러지처럼 느껴질 수도 있지만 장소에 대한 애착은 과거와 현재, 그리고 미래를 통해 계속 연결되어 있다. 즉 수없이 흐른 세월의 흔적 속에서 그만큼의 의미를 담고, 때로는 다양한 장소성으로 정의되기도 하지만 장소는 늘 그 자리에 있는 것이다. 인생의 많은 부분이 그렇지만 우리는 우리가 살아가고 있는 이 장소를 잠시 빌려서 살고 있다고 할 수 있다. 과거의 누군가에게는 삶의 장소였고, 미래의 후손들에게도 의미 있는 어떤 장소가 될 테니까 더욱 아끼며 소중하게 여겨야 할 것이다.

장소에 대한 애착은 욕구를 실현시키는 배경이 되기도 한다. 삶의 장소는 스탠딩 파티가 끝나고 작은 소파를 찾아 쉼을 얻는 그런 곳이라고 생각한다. 이와 관련해 기억에 남는 TED 연설이 있다. 어떤 백인 여성이었는데 20대라는 시간은 마치 공연이 시작하기 전, 혹은 파티가 시작하기 전에 자신의 자리를 찾기 위해 돌아다니는 시간과 같다고 했다. 그래서인지 나는 20대 때 사막의 한가운데나 동토의 가장 끝이라도 갈 수 있다고 생각했다. 강연자는 이어서 30대가 되면 이제는 자기의 자리를 찾아 앉아야 한다고 말했다. 인문지리학자로서 나는 그 시간을 결혼을 하거나 안정적인 직장을 찾아 한 장소에 정착한다는 의미로 받아들였다. 물론 우리가 흔히 말하는 정착의 시간 후에도 우리의 삶은 우리를 얼마든지 낯설고 새로운 장소로 초대한다. 그런 초대에 응할 때 우리는 분명 어린 시절의 삶의 장소와 더불어 현재 우리의 삶의 장소를 다시 한번 돌아보게 된다. 그리고 그런 되새김이 새로운 장이 열리는 장소에서의 삶을 축복해 줄 수 있으리라 생각한다. 우리는 행복한 기억에 기대어 새로운 행복을 맞이할 수 있는 것인지도 모른다. 그래서 나는 늘 현재의 삶의 장소를 사랑하라고 말하고 싶다. 오렌지

자카란다 나무와 길가에 흩날리는 보라색 꽃잎들, 낯익은 우체통과 쓰레기통

카운티가 삶의 장소라면 작은 들꽃과 이슬에 젖은 잔디를 보고, 6월이면 길가에서 보라색 꽃잎을 흩날리는 자카란다 나무를 보며 그 아름다움에 찬사를 보내길 바라 본다.

'시·공간의 압축'(하비, 2000)이 일어나는 현대 사회에서는 자아실현을 위해 세계를 무대로 도전하는 것은 일상적인 현상이 되었다. 사람은 누구나 자신의 욕구를 만족하기 위해 기꺼이 새로운 삶의 장소를 찾아 나선다. 때로는 그것이 신의 부르심이 되어 선교지를 향하게 되고, 그곳에 영향력을 미치기도 한다. 우리나라도 조선 시대에 생명을 걸고 은둔의 땅으로 들어와 삶을 헌신한 서양의 선교사들이 있다. 이들이 세운 연희학당, 배재학당, 이화학당 등은 오늘날까지 한국 사회에 선한 영향력을 미치고 있다.

이민 사회에서는 흔히 코리아타운처럼 각 민족, 출신 국가를 배경으로 한 게토ghetto가 형성된다. 이는 경제적인 이유도 있겠지만, 특정 장소에 대한 애착이 깊어지고, 개인과 집단의 지속적인 방문이 이루어지면서 하나의 마을을 형성한 것이라 할 수 있다. 고향에 대한 그리움이 점차 이주지를 향한 애착으로 변화하는 것도 끊임없는 환경의 자극 속에서 형성되는 장소애착의 한 형태라 할 수 있다.

한 인간이 현재 어떠한 장소에 존재하고 있다는 것은 과거 수없이 다양한 장소를 거쳐 왔고, 그러한 환경을 바탕으로 하는 직·간접적인 경험을 통해 현재의 장소를 평가하고 받아들인다고 할 수 있다. 이것은 과거 머물렀던 곳에 대한 그리움 같은 지향을 내포할 수도 있고, 현재의 장소를 바꾸어 나가겠다는 적극적, 능동적 대처로 나타날 수도 있다.

이민 와서 4달 정도 되었을 때가 마음 아리게 떠오른다. 당시에는 문득문득 한국 생각이 많이 났다. 사람의 얼굴은 잘 생각나지 않았다. 타국에 와서 불현듯 밀려오는 것은 사람이 아니었다. 그것은 내가 눈으로, 때로는 나의 마음으로 수없이 찍었던 거리였다. 흔들리는 나무, 조명, 간판, 버스 차창, 광화문, 가로등, 동네의 좁은 길 등과 같은 것이었다. 슬픔과 기쁨도 내가 바라보던, 내가 거닐던 곳에서 묻어났다. 우리가 만났던 곳, 우리가 함께 저녁을 맛있게 먹었던 곳과 같이 사람과 장소가 함께 떠오른다는 것을 깨달았다. 그리고 사람의 눈동자에 담겨 있는 수많은 스토리들은 그렇게 장소 안에서 펼쳐졌다.

은은한 선인장 꽃

이곳에 와서 선인장을 참 많이 보았다. 사막의 목마름에 가시를 곤두세운 선인장들이 마치 마음이 메말라 다른 사람의 마음을 찌르는 결핍된 우리의 모습 같아 서글퍼지곤 했던 기억이 난다. 선인장 꽃이 이처럼 눈부시게 아름다운지 예전엔 미처 몰랐는데, 요즘은 잔인한 갈증 속에서 은은한 꽃을 피워 내는 모습이 마냥 경이롭게 느껴진다.

캘리포니아에 겨울이 시작되면

내리는 빗소리를 들으며 나는 행복한 사람이라고 되뇌어 본다. 이곳에 비가 오면 멀리 산 위에는 하얀 눈이 내린다는 것을, 그리고 그 눈을 보기 위해 몇 시간씩 차를 타고 나들이를 다녀오는 일이 작은 행복이라는 것을 많은 시간이 흐른 후에 알게 되었다.

얇고 투명한 날개를 쉬지 않고 움직이며 몸에 비해 길고 뾰족한 부리로 먹이를 찾는 벌새를 보았을 때 모든 것이 순간 멈춰 버린 듯했다. 아름드리 나무 위에서 쉬고 있는 파랑새도 오렌지카운티의 아름다움을 더해 주었다. 때로는 하늘 속을 조금씩 눈치채지 못하게 흐르는 구름을 보며 한국의 변화무쌍한 날씨를 그리워하기도 하지만, 요란하게 천둥과 번개가 치던 장마철과 매서운 겨울 날씨를 잘 견뎌 낼 수 있을까 하는 생각도 든다. 어느새

비가 내리고 있는 임마누엘교회의 정원

임마누엘 교회 부속 유치원

오렌지카운티에 눈이 오면 가까운 산간 지역으로 눈 구경 나들이를 떠난다.

한국이 낯설게 느껴지는 때가 됐으니 10년이면 강산도 변한다는 말이 정말 맞는 것 같다.

그리움의 모양은 모두 다르지만 때때로 모두가 느끼는 감정이라는 것을 알기에, 그리움이나 외로움은 뒤편으로 보내고 새로운 마음으로 다시 시작하자고 마음을 다잡는다. 누구나, 또 어느 곳에 있든 마찬가지겠지만 나 또한 긍정적인 변화는 다른 사람에게서가 아니라 내 안에서 시작된다는 것을 깨달았다. 작은 생각의 나사 하나가 어떻게 연결되느냐에 따라 작품이 달라진다는 것을 마음에 새기며 늘 생각의 고리를 잘 연결해 가려 한다. 보이지 않는다고 해서 사라진 것은 아니니까 한국의 사랑하는 이들을 떠올리며 새로운 삶의 장소에서 맞이하는 모든 일들을 감사하는 마음으로 맞이하고 싶다.

이제 장소 애착에 대한 이야기를 마무리하려고 한다. 앞서 이야기한 것처럼 인간에게는 서열이 없고, 자유로우며 즐거운 제3의 장소가 필요한 것처럼, 이민자 역시 자신이 사랑하는 제3의 장소를 많이 만들어야 삶의 닻을 내리고 풍랑에도 흔들리지 않을 수 있다. 그 장소가 소속감을 주는 코리안 커뮤니티라는 추상적 영역일 수도 있고, 작은 교회나 커피 한 잔 마실 수 있는 카페일 수도 있다. 그리고 저 태평양 너머에 한국이 있다고, 그리 먼 거리는 아니라고 위로할 수 있는 해변가일 수도 있다. 모래사장과 자갈밭, 갈매기가 날아다니는 하늘, 파도가 어떤 악장에 맞춘 듯 수평선을 그으며 끝없이 밀려드는 바다가 있는 그런 해변가 말이다. 그러한 장소에서 이웃을 만들고 친구를 사귀고 헌신할 수 있는 목적을 찾는 것은 이민 생활에서 중요한 의미를 갖는다. 이민 생활은 드라마처럼 낭만적인 것만이 아니라 생존의 문제이기도 하다. 그리고 그 생존에는 경제적 안정뿐만 아니라 변함

없이 있는 모습 그대로 자신을 받아 주는 제2의 고향에서 살아간다는 마음의 안정을 이루는 것도 포함되기 때문이다.

3. 장소는 내가 누구인지를 말해 준다: 장소 정체성

장소 정체성place identity은 정체성이 특정 장소와 공간적 맥락 속에서 나타나는 것을 말하는데, 인간과 장소의 지속적인 상호작용의 결과로 형성된다. 자아와 공간이라는 두 개념이 복합되어 있어서 무를 자르듯 명확하게 이해하기에는 조금 어렵게 느껴지기도 한다.

장소 정체성은 인간 존재의 출발과 끝이 되는 집에 대한 감정이 확장되면서 생활 세계라는 장소와 공간에 대한 광범위한 인지로 구성된 자아 정체성의 하위 구조로 보기도 한다.[1]

전남대학교의 안영진 교수는 '지역주의를 어떻게 이해할 것인가?'라는 글에서 장소 정체성을 인간 집단의 여러 활동이 전개되는 장소가 다른 장소들과 구별되는 독자적인 특성 혹은 상징성이라고 장소 중심적인 시각에서 정의했다. 허먼Hummon(1992)도 이와 같은 맥락에서 이렇듯 다른 장소와 구분되는 장소 정체성은 개인마다 다르다고 보았다. 왜냐하면 한 존재가 장소를 바탕으로 의식적, 또는 무의식적으로 형성하고 있는 믿음, 이상, 선호, 기분, 가치관, 목표와 행동적 경향은 동일한 장소라 할지라도 제각각 다르기 때문이다. 결국 어떠한 독특한 장소라는 객관적인 물리적 환경과 이

1) Proshansky et al., Hummon, 1990

에 대비된 개인적 자아로 구성된다고 할 수 있다.

다른 지역과 구분되는 진정성을 의미하는 장소 정체성은 그 장소에 소속된 구성원뿐 아니라 방문객과 같은 타자에 의해서도 형성된다. 끊임없는 관광객의 유입이 물가를 높여 원주민들을 몰아내기도 하고, 고유의 장소 정체성을 훼손하기도 한다. 반대로 드라마 세트장이 생기거나 세계적인 행사 개최, 유명인의 방문 등을 통해 소외되었던 지역이 활력을 얻게 되기도 하고, 새로운 장소 정체성을 부여 받기도 한다. 장소 자체가 닫혀 있는 것이 아니라 시간과 함께 변화하고, 소립자 같은 사람들의 끊임없는 이동과 네트워크를 통해 지속적으로 영향을 주고받기 때문일 것이다.

미국에 살고 있는 한인들은 당연한 마음이겠지만 자신과 자신의 자녀들이 영어를 자유롭게 구사하며 미국 사회에 잘 적응하기를 기대한다. 동시에 다음 세대들이 한국인으로서의 정체성을 잃지 않기를 바란다. 특히 한국어를 잊지 않고 이중 언어를 사용하며, 코리안 아메리칸Korean American으로서 영향력을 발휘하도록 여러 방면에서 노력한다. 하지만 이면에는 비행기의 양날개처럼 끊임없이 기울어지며 균형을 잡아가는 것을 볼 수 있다. 한국적 정체성을 유지하고자 힘을 쏟다 보면 어느새 작은 섬에 갇힌 보잘것없는 생명체가 된 것 같은 느낌이 들 때가 있다. 미국적 정체성을 좇아 전력 질주를 하다가 뒤돌아보면 문득 광야에 홀로 서 있는 듯한 외로움에 사무치기도 한다. 그래서 지속적으로 균형을 잡는 것이 중요하다.

인문지리학적 관점에서 이민자의 적응을 위해서는 떠나온 곳과 새로 이주한 곳 중 그 어느 하나를 부정하는 것이 아니라, 주관적 장소로 바라보며 애착을 키워야 한다고 생각한다.

앞서 살펴본 것 같이 새로운 환경은 한 존재에게 무에서 출발하는 물리적 공간이 아니라, 이주한 사람이 존재했던 이전의 장소와 연계되어 있다. 한국을 사랑하고 그 품 안에서 감사했던 사람은 이주지에서도 그곳을 사랑하고 선한 씨앗을 심을 수 있는 가능성이 보다 크다고 생각한다. 상처를 받은 사람이 상처를 주기 쉽고, 사랑을 받은 사람이 사랑을 나누기 쉬운 것과 같은 맥락일 것이다. 낯선 이주지는 이주민에게 어서 이곳에 적응하라고 보이지 않는 압력을 가한다. 그렇지 못하면 도태되거나 아웃사이더가 된다고 엄포를 놓는 듯하다. 하지만 이런 부담감은 애써 떨쳐 버리는 것이 중요하다. 새로운 삶의 장소에 뿌리를 내리며 적응해 가는 데에는 누구에게나 시간이 필요하기 때문이다. 오히려 새롭고 낯선 환경을 판단하는 것을 잠시 미루어 놓고 우선은 하나씩 직접 경험을 쌓아 가는 것이 중요할 것이다. 비록 이민자로서 알게 모르게 편견이 담긴 차별을 받게 된다 할지라도 그 시간을 당당하게 통과해 나가야 한다. 그리고 떠나온 곳에서의 경험과 지혜는 여전히 내 안에 내재하고 있다는 것을 잊지 말아야 할 것이다. 인간이라는 존재는 어머니의 탯속에서부터 자신의 정체성을 형성해 가는 존재이다. 이전의 단계는 분명 그 다음 단계로 연결된다. 미국으로의 이민이 반드시 한국에서의 삶과의 완전한 단절을 의미하지는 않는다. 또한 의식적인 단절이 반드시 적응에 도움이 된다고도 생각하지 않는다. 한국인이라는 뿌리 의식 위에 새로운 삶의 장소를 사랑하며 애착을 형성해 가는 노력이 꼭 필요할 것이다. 결국 이민 생활이란 과거 본국과 현재 이주지와 조화를 이루며, 미래의 소중한 장소를 찾아 걸어가는 여행과 같기 때문이다.

서울대학교 지리학과 김용창 교수는 글로벌 차원에서 이루어지는 수없는 이주와 그에 따른 초공간hyperspace의 문제를 언급하면서 계급, 인종, 성, 세대, 장소, 지역에 따른 다양한 하위 문화의 주관적 의미에 대한 이해가 매우 필요하다고 보았다. 미국에 살면서 처음에는 느끼지 못했지만 거주 기간이 점차 길어지면서 특정 인종들이 모여 사는 시city들을 자연스럽게 알게 되었다. 오렌지카운티를 중심으로 대체로 한국계는 풀러턴Fullerton시와 어바인시, 일본계는 가디나Gardena시, 중국계와 대만계는 각각 LA 카운티의 몬테레이Monterey시와 하시엔다Hacienda시, 베트남은 웨스트민스터Westmister시에 모여 살고 있다. 각각의 타운을 방문하면 그 나라의 상품을 파는 고유한 마트들이 자리 잡고 있다. 풀러턴에는 대표적 대형 한인 교회인 '은혜한인교회'가 위치하고 있고, 차로 30분쯤 떨어진 하시엔다에는 마치 중국의 소림사처럼 굉장히 크고 화려한 '시라이템플Hsi Lai Temple'이 위치하고 있다. 이런 종교적 건축 양식이 가끔 나타나지만 특유의 건축물을 찾기는 어려운 편이다.

장소에 담긴 소소한 추억들

은혜한인교회에 대한 추억이 있다. 조카가 처음 부모님 품을 떠나 미국으로 유학 왔을 때, 마냥 들떠 있는 조카를 데리고 주변의 공원을 산책하며 사진을 찍어 주었다. 아직은 엄마의 품이 그리울 6학년 초등학생일 뿐인데 갑자기 자신에게 주어진 자유가 마냥 신나기만 했던 것 같다. 캘리포니아는 8월에 새학기가 시작되는데 7월생이었던 조카는 초등학교 6학년으로의 입학이 거절되어 바로 팍스중학교Parks Jr. High에 입학하게 되었다. 초등학교로 들어가야 영어 실력이 많이 는다고 들었는데 영어를 잘 못하는 조카가 걱정되었지만 한 걸음씩 잘해 나가리라 믿고 기다려 주었다. 여름 내내

지역 주민들에게 쉼을 주는 은혜한인교회의 정원_자카란다 꽃잎들(좌상), 햇빛에 탄 장미(우상), 우거진 나무(좌하), 들꽃들(우하)

조카를 은혜한인교회의 섬머스쿨에 데려다 주고 데려오는 생활을 하였는데, 그 생활을 마칠 때 즈음에는 조카가 발표도 하고, 친구도 사귀어 즐거운 시간을 보낸 듯해서 뿌듯했던 기억이 있다.

서울의 걷고 싶은 거리가 생각나는 교회의 정원을 걸을 때에는 새로운 활력이 생기고, 햇빛에 타들어간 장미조차도 아름답게 느껴졌다. 계절이 바뀔 때마다 잠시 쉼을 얻기 위해 찾아가 사진을 찍어 두었더니 세월을 담은 사진들이 제법 많아졌다. 록다운lockdown되어 답답한 요즘, 커피를 들고 이 길을 걷고 싶은 마음이 샘솟는다.

4장에서 오렌지카운티의 대표적 장소들의 특성을 살펴보겠지만, 다양한 장소들을 바라보다 보면 가끔 이곳의 주체가 누구인지 의문이 들 때가 있다. 중국의 거대 자본이 밀어닥쳤을 때에는 관광버스를 타고 온 중국 관광객들이 마치 기념품을 사듯 집들을 사들인 적도 있었다. 이와는 다른 시각에서 목숨을 걸고 미국과 멕시코의 국경을 넘으려는 남아메리카 사람들의 행렬은 여전히 지속되고 있다. 오렌지카운티의 정체성도 앞서 언급한 것처럼 동일한 물리적 세계라 할지라도 장소나 공간을 이용하는 과정에서 내재된 규범, 행동, 규칙, 규정을 구성하는 복합적 인지 구조는 개인이나 집단마다 다르다고 할 수 있다. 또 이러한 정체성은 반드시 긍정적인 것만은 아니지만 장소에 무의식적으로 의존하게 되고, 장소 속의 인간 자신과 자연에 대한 인식, 그리고 사회적 측면이 서로 얽혀 있는 것이다.

박사 논문이라는 조금은 딱딱하고 지루할 수 있는 글들을 책으로 엮어 볼 수 있도록 격려해 주신 분은 앞서 언급했던 서울대학교의 김용창 지도 교수님이다. 교수님과는 오렌지카운티와 관련해 작은 에피소드가 있다. 교수님께서 산호세 근처의 팔로 알토Palo Alto에 있는 스탠퍼드대학교에서 안식년을 보내게 되면서 미국에서 두 번 정도 만나 논문을 지도 받게 되었다. 처음에는 산호세로 올라가 뜨끈뜨끈한 순두부를 대접 받고, 스타벅스에 앉아서 긴장된 마음으로 논문 지도를 받았던 기억이 아직도 생생하다. 그리고 6개월쯤 지난 후였던가? 교수님께서 가족 여행을 위해 오렌지카운티까지 내려오시면서 논문의 진행 사항에 관해 이야기하기 위해 다시 만나게 되었다. 내비게이션을 따라 거대한 언덕과 너무 잘 어울리는 라구나 비치Laguna Beach의 작은 호텔에 도착했다. 숲속의 작은 오두막 같다고 해야 할까? 바위 언덕이라는 자연 작품을 가리지 않도록 자연 친화적으로 지어진 곳이었다. 오렌지카운티에서 가 본 집들에는 거의 다 벽난로가 있었고, 어

라구나 비치에 있는 작은 호텔 로비에는 모닥불이 타닥타닥 소리내며 타오르는 화면을 틀어 놓았다.

떤 집들은 거실과 안방에 각각 벽난로를 놓은 집들도 있었다. 그런데 좁은 길을 지나 도착한 이 작은 호텔에는 모닥불 대신 TV에서 계속 모닥불을 보여 주는 것이었다. '타닥타닥' 하며 나무 타는 소리도 들렸는데 신기하게도 로비가 더 따뜻하게 느껴지기까지 했다.

바닷가 근처에 있는 라구나 호텔의 레스토랑은 추수감사절 연휴로 인해 마치 우리가 전세를 낸 것처럼 텅 비어 있었다. 레스토랑의 뒷문은 바닷가와 연결되어 있었는데 가족들과 식사를 마친 후 우리는 그곳을 통해 바닷가로 나가 모래사장을 밟으며 조금은 쌀쌀한 바닷바람을 맞았다. 교수님이 타국에서 제자의 논문을 지도하기 위해 이렇게 먼 길을 찾아와 주셨다는 것만으로도 내게는 삶에 너무 큰 선물이 되었다.

Boat Rentals
SHOWBOAT

제2장

재미 교포의 사회지리학적 이해

아이 둘을 펀 드라이브Fern Drive 초등학교에 내려 주고 교실에 들어갈 때까지 문 앞에서 물끄러미 바라본다. 언제나 그렇듯 한국 여자 아이는 자기 혼자인 교실을 쑥스러운 듯 재빠른 걸음으로 들어가 자리에 앉는다. 그 모습을 보며 나는 생각해 본다. 내가 다녔던 초등학교에 나의 딸이 다녔다면 어땠을까? 나는 분명 더 많은 이야기를 해 줄 수 있었을 텐데….

자신이 졸업한 학교에 자녀를 보내면서 PTA(Parents Teachers Association) 활동을 열심히 하고 있는 미국인들을 자주 본다. 미국에서 학교를 다녀 보지 못한 나로서는 부럽기도 하고, 아이에게 해 줄 수 있는 것이 별로 없다는 사실에 좌절감을 느끼기도 한다. 하지만 이내 나는 아이의 학교에서 나의 고향과 닮은 푸르고 시린 하늘을 바라보고, 까칠까칠한 나뭇결, 푸른 잔디 위에 서로 뒤엉킨 나뭇잎들의 사각거림을 느끼며 기분을 바꾸곤 한다. 모든 것이 완벽해 보이는 사람도 인간이 짊어진 인생의 무게에서 자유로울 수 없기에, 오늘도 낯선 타국의 아침이지만 기분 좋게 만드는 바람결에 나는 그저 감사라는 단어만 뒤쫓을 뿐이다. 그리고 나의 주변에 비슷한 좌절감을 느끼면서 함께 살아가고 있는 많은 이민자들을 돌아보리라 다짐한다.

펀 드라이브 초등학교의 단풍나무

1. 미국에 살고 있는 한인 디아스포라 들여다보기

나의 주변에서 함께 숨쉬며 살아가고 있는 재미 교포들에 대해 생각해 본다. 재미 교포는 미국과 한국에서 각각 어떤 정체성을 갖고 살아가고 있을까? 성공을 위해서 최선을 다하다 유리벽에 부딪힌 소수 인종, 한국을 오가며 한국에서는 건강보험 혜택을 받고 미국에서는 자녀에게 영어 교육을 시키는, 한국인으로서 유리한 점과 미국인으로서 유리한 점을 동시에 누리는 조금은 특혜를 받는 집단일까? 혹은 언어와 인종, 문화, 기후 모든 것이 다른 광야 같은 이주지에서 힘겹게 살아가며, LA 폭동 때와 같이 경찰도 손을 놓아 버린 자신의 가족과 재산을 스스로 지키기 위해 총을 들어야만 하는 마이너리티 외국인일까?

미국에 이민한 한국인과 그 자손을 뜻하는 한국계 미국인은 한국의 문화를 유지하면서 한편으로는 다양한 인종과 더불어 미국에 동화되어 이민자의 삶을 살아가고 있는 집단이다. 계속 한국 국적을 유지하고 있는 비귀화 교민은 주로 재미 한국인이라고 하지만, 일반적으로 한국계 미국인과 교민을 모두 재미 교포라고 부른다. 재미 교포는 다른 소수민족에 비해서 이민 역사가 짧은 편이지만, 미국 사회에서 양적으로 빠른 성장을 보이는 소수민족 중 하나이다. 이민법 시행 이후 지난 50년간 재미교포들은 미국 사회에서 5번째로 큰 아시아 출신 이민자 집단이기도 하다.[1] 2010년부터 이미 아시아인의 유입이 히스패닉의 유입을 앞섰고, 2065년에는 미국 내 이민자의 40% 정도가 아시아계일 것으로 예측하고 있다는 것도 의미 있는 통계이다.

---

1) 1위 멕시코(1627만 명), 2위 중국(317만 명), 3위 인도(270만 명), 4위 필리핀(235만 명), 5위 한국(172만 5,000명)

또한 아프리카와 남미 출신 이민자에 대해서는 긍정적인 응답률이 26%인 것에 비해, 아시아계 이민자와 유럽계 이민자에 대한 호감은 각각 47%와 44%로 비교적 높은 편이다.[2]

남가주Southern California에서는 이미 아시아계가 주류 커뮤니티로 부상하였고, 아시아계가 과반을 넘는 도시들도 늘어나고 있다. 미국 이민 사회의 정치·경제·사회·문화적 재구성이 일어난다고 할 수 있다.

2019년 현재 재미 교포의 인구 현황은 시민권자가 1,482,056명, 영주권자 426,643명, 일반 체류자 560,566명, 유학생 77,717명으로, 총 2,546,982명이다. 영주권자 수가 2011년에 464,154명에서 상대적으로 줄어든 것을 확인할 수 있다. 영주권자 수가 줄어든 데에는 다양한 이유가 있겠지만 트럼프 정권에서 외국인으로서의 신변상 불이익을 피하고 미국 시민으로서의 권리(투표권 등)를 갖기 위해서, 혹은 한국에 있는 가족의 초청을 위해 본인이 먼저 시민권을 취득했기 때문이라고 할 수 있다.

또 유학생은 2011년 기준 105,616명보다 3만 명 이상 줄었는데, 국내외적으로 원인이 있겠지만 F1(학생 비자)을 취득하기가 점차 까다로워지는 미국의 비자 정책이 반영된 것으로 보인다. 학위 논문을 위해 LA 총영사관을 방문했을 때 한인의 인구 수를 정확히 파악하는 것은 쉽지 않은 일이라는

표 2-1 재미 교포 인구 현황

시민권자	영주권자	체류자		총계
		일반	유학생	
1,482,056	426,643	560,566	77,717	2,546,982

자료: 코리안넷 http://www.korean.net (2019 기준)

2) 미주중앙일보, 2015.9.29-미국 여론 조사 기관 퓨리서치센터가 2015년 실시한 설문조사 바탕: Modern Immigration Wave Brings 59 Million to US., Driving Population Growth and Change Through 2065

얘기를 들었다. 수없이 태어나고 세상을 떠나는 한인들과, 체류하는 비자의 날짜가 어쩌다 지나면 불법체류자가 되고 마는 일들을 생각해 보면 이해가 가기도 했다.

어느날 우연히 TED에서 탈북 청소년이 강연하는 것을 듣게 되었다. 내용보다는 그 청년의 유창한 영어가 더 귀에 들어온 것 같다. 미국에 살면서 몇몇 조선족 분들도 만난 적이 있는데 그분들 모두 엘리트라 할 수 있었고, 각자 자신의 위치에서 열심히 살아가고 있었다. 문득 한국에 살 때 한국인, 조선족, 탈북민에 대해 내가 가졌던 인식이 떠올랐다. 서울에서 태어나 대한민국 국민으로서 살아가면서 나도 모르게 편견을 갖고 있었던 것은 아닐까? 미국이라는 낯선 땅에서는 왠지 모두가 같은 출발선에 서 있는 것 같았다. 그래서 출신이나 배경, 혹은 누군가의 눈치를 보는 것이 아니라 각자의 삶에 최선을 다하며 행복을 그려 나가는 것이 이민자의 겸손한 마음일 것이라는 생각이 들었다.

이민자와 신분 문제

미국에 살면서 가장 중요하면서도 예민한 주제 중의 하나는 체류 신분에 대한 이슈이다. 내가 만난 재미 교포들 중에도 신분 문제로 고민하는 경우를 종종 볼 수 있다.

> 신분 문제가 항상 마음을 무겁게 한다. E2 비자Business Visa를 신청한 상태인데 계속 사업이 번창하는 것을 보여 줘야 한다. 또 E2 비자가 나올 동안

F1 비자Student Visa를 유지해야 하기 때문에 돈이 2배로 든다.

(5년 거주, 개인 사업, 여성)

영주권이 아직 계류 중인데 뭐가 잘못된 건지 모르겠다. 기다리는 게 심적으로 쉽지 않다. (8년 거주, 간호사, 여성)

영주권이 생각보다 늦어지고 있는데 언제 나올지 모르겠다. 주소가 바뀌면 불이익이 있을까 봐 계속 이사를 미루고 있다. 모든 것이 불확실하다.

(5년 거주, 인터넷 비지니스, 여성)

결혼을 하면서 미국에 오게 되었는데, 뭐가 잘못되었는지 영주권이 늦어져 8년 동안 한 번도 한국에 가지 못했다. 그때를 생각하면 정말 고통스럽다.

(15년 거주, 가정주부, 여성)

또 자녀 혹은 부모의 신분 문제로 뜻하지 않게 가족이 서로 떨어져 살아야 하는 경우도 있다. 어떤 신혼부부는 신혼여행을 끝내고 입국하는 과정에서 아내의 입국이 거절되어 아내만 한국으로 돌아가고 1년 정도 떨어져 지내야만 했다. 불법체류자로서 어떤 혜택도 받지 못하고 숨죽이며 살고 있는 경우의 고통은 말할 것도 없다. 교통사고가 나도 불법체류자는 보험회사에 연락하지도 못하고 피해를 입어도 무마되어 버리는 경우도 있으며, 경찰을 보면 괜히 불안, 초조해하다가 신분 문제를 들키는 경우도 있다. 특히 부모를 따라 미국에 16세 이전에 이주한 청소년은 체류 기한을 2년마다 연장해 주기 위해 2012년 오바마 행정부 때 일명 다카라고 불리는 '불법체류 청소년 추방 유예 제도(DACA, Deferred Action for Childhood Arrivals)'를 마련하였는데, 만약 이 제도가 폐지될 경우 약 80만 명에 해당되는 이주 청소년들이 추방될 수도 있다. 이 가운데 80% 정도는 남미 청소년들이고, 한인 청년들은 1%(약 7,000명 이상) 정도이다.

오클라호마 대법원 앞에 모여 DACA 권익을 주장하는 시위 사진을 뉴스에서 보았다. 시위자들이 들고 있는 노란 팻말에는 "Home Is Here(나의 집은 바로 이곳)"라고 적혀 있었는데, 그것을 보면서 마음이 짠했다. 청소년기를 미국에서 보내며 정체성을 형성하고 자연스럽게 익숙한 고향이 되었을 텐데 체류 신분이 없다는 이유로 취업이 어렵고 여행도 마음대로 하지 못하며 마음을 졸이며 지내야 한다는 것이 안타깝다.

> 연방대법원의 결정에 내 운명이 달려 있다. 미국 밖에서의 삶은 상상할 수 없다. 여기에 내 삶이 있고, 내 직업이 있으며, 내 친구, 내 가족도 모두 이 땅에 있다. (최민구, 31세, UC샌프란시스코 약대 재학 중)[3]

다카 신분으로 세계적 권위의 장학 프로그램인 영국의 로즈Rhodes 장학생에 선정되고 하버드와 스탠퍼드의 의과대학에 동시 합격한 박진규씨가 한인 사회에서 이슈가 되기도 했다.[4] 주변에서도 그 누구보다 성실하고 아름답게 살아가고 있는 DACA 청년들을 볼 수 있다. DACA의 수혜자들을 드리머즈dreamers라고 부르기도 한다. 실제로 16세 이전에 미국에 입국해서 최소 5년간 미국에 거주하면서 고교 졸업 후 대학에 진학했거나 군에 입

3) 미주중앙일보 2019.11.16자 기사에서 발췌
4) 가주교육신문 2019년 3월 9일자 기사 참조

대한 30세 미만의 불법체류자들에게 영주권 신청 자격을 주고자 만들어진 드림 액트dream act 법안이 있지만 표결에 부쳐지지 못했고, 10년 넘게 연방 의회에 계류 중이라고 한다.

이민 사회에 중요한 이슈들이 많이 있지만 그중 하나가 신분 문제이다. 그것은 개인의 문제인 동시에 함께 힘을 모아 헤쳐 나가야 할 전체 이민 사회의 과제라 할 수 있다. 교포 사회의 경제적 역량이 커질수록 한인들의 취업 기회가 많아지고 합법적 신분을 취득할 능력이 많아질 것이다. 또한 적극적인 투표 참여 등으로 정치적 힘을 키워야만 한인들의 권익을 보호하기 위한 목소리를 낼 수 있다. 코리안 아메리칸 한 사람 한 사람이 법을 더 철저히 준수하고 나아가 이웃을 돌보는 성숙한 시민의식을 보여 줄 때 지역 사회뿐 아니라 주류 사회에서도 더욱 존중받을 수 있게 될 것이다.

2. 한인은 언제부터 미국에서 살게 되었을까?

재미 교포 이민사

한인 미국 이민 100주년 기념 행사가 벌써 오래전이 된 2003년에 1,500여 명이 참석한 가운데 하와이에서 개최되었다. 아마도 미국으로의 이주가 1903년 하와이 사탕수수 노동자들에서 시작되었기 때문에 하와이에서 뜻깊은 행사가 열린 것 같다. 비교적 짧은 미국의 역사를 생각해 보면 100년이 넘는 이민 역사를 갖는 한인들은 미국 사회에서 의미가 있는 집단이라고 생각한다. 보이지 않는 잣대로 자칫 '이러이러할 것이다'라고 규정하기 쉬운 '집단'이라는 단어를 좋아하지 않지만, 이미 우리는 편의상 많은 그룹을 지어 놓고 그렇게 바라보고 있는 것 같다.

재미 교포는 비록 미국 인구의 1%에도 미치지 못하지만 200만 명이라는 인구 규모는 적지 않은 숫자이다. 한국의 광역시인 대전이나 광주의 인구보다 큰 수이기도 하다.

아침 뉴스를 동시간에 듣고 순간적으로 반응을 함께하는 글로벌 시대에 한국과 미국에서 갖는 재미 교포의 의미는 무엇일까? 특히 최근의 코로나 COVID-19 사태를 보면서 아이러니한 생각들을 많이 하게 되었다. 처음 미국보다 앞서 한국에서 코로나가 사람들을 위협할 때 나 또한 걱정되는 마음에 마스크 한 박스를 한국의 가족들에게 급하게 보내기도 했다. 그리고 다시 미국의 상황이 악화되었을 때 주변의 친구들은 한국에 계신 부모님들께서 몇 시간씩 줄을 서서 가족관계증명서를 보여 주면서 받아 오신 마스

팬데믹 기간에 여권이 만료되어 LA 총영사관 앞에서 서서 차례를 기다리며 바라본 거리

크를 정성스럽게 보내 주시는 것을 여러 번 보았다. 많은 유학생들이 한국으로 귀국했고, 미국에서 한국과 비지니스하는 사람들의 발이 묶이기도 했다. 해외 입국자의 2주간 자가 격리는 병이 위중한 부모님을 찾아뵙는 것조차 망설이게 했다.

SNS를 통해 실시간으로 함께 웃고 함께 울며 시간을 보내 왔다고 생각했는데, 이런 비상사태가 되고 나니 오히려 한국과의 물리적 거리가 피부로 느껴졌다. 남미의 많은 나라들이 이중국적을 인정하는데, 한국은 분단이라는 특수한 상황과 군 입대, 대학 입시, 원정 출산 등 민감한 여러 가지 이유로 인해 이중국적을 인정하지 않아 결국 시민권을 취득하면서 한국 국적을 잃어버리는 경우가 대부분이라 할 수 있다. 특히 트럼프 정권 이후에는 영주권자의 추방이나 불이익, 차별 등에 대한 우려가 높아지면서 한국 국적을 포기하고 싶지 않아서 미뤄 두었던 시민권을 따는 경우가 많았다. 한국에 대한 사랑을 첫사랑이라고 해야 할까? 분명 사랑하는 마음에는 변함이 없는데, 어쩌면 더 짙어져만 가는데도 불구하고 이민자들은 살아가면서 선택을 해야 하는 상황에 놓이기도 한다. 200만 명이 넘는 코리안 아메리칸이 한국과 미국에서 바람직하게 자리매김할 수 있도록 그 의미를 함께 고민해 보았으면 좋겠다. 그것이 앞으로 한국 사회와 세계에 흩어져 살고 있는 코리안 디아스포라가 함께 시너지를 낼 수 있는 관계를 정립하는 데에도 조금이나마 도움이 될 것이라고 생각한다. 결국 세계 어느 곳에서 살아가든 한인들은 삶이 주는 기쁨과 슬픔, 행복과 고난을 함께 겪어 나가는 동시대의 이웃이라는 것을 잊지 않았으면 좋겠다.

한인들의 미국으로의 이주는 크게 세 단계로 구분할 수 있다.

첫째, 초기 이민 시기는 1910년에서 1924년까지로, 7,226명의 하와이 사탕수수 노동자들의 이주로부터 시작되었다.

조금은 슬픈 이야기지만 사진만 보고 결혼을 하는 사진 신부picture bride들과 독립운동가의 이주에 대한 기록이 있다. 특별히 도산 안창호 선생의 가족이 살던 옛집은 현재 USC한국학연구소가 되었다. 미 국무부에서는 안창호의 장녀 안수산을 '미국의 영웅'으로 소개하면서, 제2차 세계대전 때 미국 해군에 입대한 최초의 아시아계 여성이라고 설명하기도 했다.[5] 또 안창호의 막내 아들인 안필영은 세계 각국에서 한국인의 위상을 드높인 '건국 60주년 재외동포명예위원'으로 위촉된 바 있다.[6]

둘째, 중기 이민 시기에는 전쟁으로 인한 고아 및 한국에서 미군 병사와 결혼한 여성들과 혼혈아의 이주가 이루어졌다. 1970년대 이전까지의 미국 이민은 대한민국 격변기의 아픈 역사와 맥락을 같이한다고 볼 수 있다. 아마도 이분들이 뿌린 땀과 눈물이 이후의 이민자들에게 자양분이 되었을 것이다. 언젠가 미국 서부를 여행할 때, '이 도로를 만들 때 한인들의 땀도 들어갔다'는 가이드의 말이 새삼 떠오른다. 그것은 처음 이 책을 쓰기 시작할 때 들었던 '이 땅은 누구의 땅일까?'라는 질문과도 연결된다. 최근에는 정부의 시스템이 첨단화되면서 많은 정보들이 오픈되고 있다. 예를 들어 미국에 살고 있는 영주권자나 시민권자가 한국에서 주택을 구입할 때에는 한국 정부뿐만 아니라 미국 정부에도 신고를 해야 한다. 반대로 한국 사람이 미국에서 부동산을 구입할 때에도 한국 정부에 신고해야 할 뿐만 아니라 미국에도 신고하여 재산세를 내야 하며, 임대 수익이 발생하면 그에 대한

5) "Susan Ahn Cuddy blazed a trail when she became the first Asian-American woman to enlist in the Navy during World War Ⅱ." (미주중앙일보 2020. 7. 8).

6) 조선일보 2020. 9. 12.

세금도 내야 한다. 자신이 어느 곳에 있든 자신이 거주하지 않는 곳의 공간을 구입할 수 있으나 그에 대한 정보는 두 정부 모두에게 투명하게 공개된다. 범죄자의 도주와 같은 심각한 사안이 아니더라도 세금 문제, 질병, 학력과 자격 등 세세하고 다양한 정보를 필요에 따라 두 정부가 공유한다고 할 수 있다.

현대인에게는 이주가 하나의 본능이라 할 수 있기에 고유한 영역에 뿌리를 내리고 비로소 고향이라 부를 수 있는 곳은 심리적 측면에서 언제든 변할 수 있다. 그렇기에 지금 내가 딛고 있는 이 길이, 이 공간이 누구의 것인지는 언제든 바뀔 수 있는 것이다. 100년 이상 한인들이 끊임없이 이주해 오고 새롭게 태어나기도 하고 한 평생을 마감하기도 하는 이 미국 땅이 낯설기만 한 타국이 아니라, 누군가에게는 고향이 될 수 있다는 것을 말하고 싶다. 그것은 민감한 주제가 될 수도 있는 국적이라는 의미를 초월해서 이루어지는 것이라고 생각한다.

표 2-2 미국으로의 한인 이민(1903~2017)

연도		이민자 수(명)	이민자 특성
초기 이민 시기	1903~1905	7,226	하와이 사탕수수 노동자
	1910~1924	1,115	사진 신부
		541	독립운동가와 유학생
중기 이민 시기	1940~1969	31,976	미군 병사와 결혼한 여성, 전쟁 고아, 혼혈아, 입양아, 유학생
최근 이민 시기	1970~2005	892,956	영주 목적의 가족 이민자
	2006~2011	105,242	다양해진 직업군 경영 및 전문직, 서비스직, 세일즈와 사무직, 농업, 어업, 산림업 관련직, 건설, 채굴, 설비, 정비 관련 직생산, 물류, 원료 운반 관련직, 군인, 기타(학생, 주부, 아이들, 은퇴자, 실업자)
	2011~2017	120,916	

자료: 미국 인구 센서스(1903~2010); 미국 이민국 통계 연보(1965~2010); Hurh(1998), 윤인진(2005), U.S Department of Homeland Security(2017)

끝으로 최근 이민 시기에는 한국의 급속한 경제성장과 함께 삶의 질을 높이기 위한 영주 목적의 가족 이민자가 증가했고, 이에 따라 이주 계층이 매우 다양하고 방대해졌다. 국토안보부Department of Homeland Security의 2017년 이민 통계 자료를 보면, 전문직뿐만 아니라 기술직, 서비스직, 농업, 수산업, 산림업 등 다양해진 이민자들의 직업군을 확인할 수 있다. 특히 미 서부의 경우 아시안 이민자들의 교육 수준과 경제적 수준이 높다는 선행 연구들이 있는데, 이것은 더 많은 사람들이 새롭고 발전적인 기회를 찾아 보다 적극적으로 이주했다는 사실을 뒷받침한다. 이러한 현상을 통해 재미 교포 사회 공간이 더욱 복잡하고 다양해졌으며, 이들이 미국 사회에 미치는 영향력도 변화되었다고 할 수 있다.

앞서 살펴본 바와 같이 1900년대 초의 재미 교포와 2020년의 재미 교포는 이민의 목적도, 그들이 맞이한 삶의 무게도 모두 다를 것이다. 일본의 식민지였던 조선과, 글로벌 리더이자 G20 참가국인 대한민국의 위상은 말 그대로 천지가 개벽했을 정도로 다르기 때문이다. 즉 재미 교포가 미국 사회와 한국 사회에서 갖는 의미는 지속적으로 변화하고 재평가되어 왔음을 알 수 있다.

이민자와 민족 정체성

재미 교포는 넓은 의미에서 보면 코리안 디아스포라로서, 한인 미주 이민사의 기저에는 변함없는 한인 민족 정체성이 깔려 있다(윤인진, 2005). 민족 정체성은 어떠한 특정 민족 집단에 대해 느끼는 소속감이자 동시에 민족 집단이 갖는 독특한 특성과 차별성을 뜻한다. 민족 정체성은 이민 사회 적응과 삶의 질에 긍정적인 영향을 미친다는 데 중요성을 갖는다. 민족 정체성은 본인이 원하지 않아도 다른 집단에 의해 규정되기도 하는데, 미국에 살고 있는 재미 교포의 경우 본인의 의사와 상관없이 코리안 아메리칸 집단으로 판단 받게 된다. 하버드대 교육대학원의 조세핀 김 교수는 어린 시절 미국에 살며 백인 여자아이들처럼 생각하고 말하고 행동하려 했지만 거울 앞에 서 있는 것은 소수 인종인 아시안 소녀였다고 회상한다. 늘 중국인 혹은 일본인이냐는 질문을 받아야 했고, 한국을 잘 알지 못하는 사람들에게 설명을 해야만 하는 것이 힘들었다고 한다. 조금 다른 이야기지만 나의 경우 남한 사람인지, 북한 사람인지를 묻는 경우가 여러 번 있었는데 미국 사람에게 남북한이 남쪽south, 북쪽north 정도로 인식되어 있는 것 같아서 당황스러웠던 기억이 있다. 미국인들은 결국 한국에 대해 갖고 있는 상식이나 이미지에 따라 호감을 나타내기도 하고, 냉소적이거나 무관심으로 대하기도 한다. 최근에는 미국 주류 사회에도 파장을 일으키고 있는 BTS 같은 K-pop 스타들과 인기 드라마, 쇼, 라스베이거스의 거대한 호텔의 방마다 놓인 삼성 TV 등을 통해 미국에서 한층 더 높아진 한국인의 위상을 확인할 수 있다. 최근 한류 때문에 교포들은 타인종이나 타민족 사람들에게 뜻밖의 친절한 대접을 받기도 한다. 집 근처의 NOCCCD(North Orange County Community College District)라는 기관에서 ESL 수업을 들었던 경험이 있는데, 멕시코에서 온 대학생과 젊은 새댁 같은 분이 한국 드라마를 너무 좋아한다면서 한국인이라는 이유만으로 내게 호의적으로 대해 주었다. 한번은 한국인이 운영하는 자장면집에 함께 가서 그들에게는 첫 시도인 한국 음식 먹기에도 도전해 보았다.

어쨌든 이주국에서 이민자들은 각 개인보다는 코리안이라는 집단으로 인식되고, 따라서 모국의 발전은 이민자들에게도 긍정적인 영향을 미친다. 특별히 일본은 동양의 단아하면서도 팬시한 문화를 대표하면서 한국이나 중국보다 미국인들에게 상대적으로 큰 호감을 사고 있는데, 한국의 멋이 미국 사람들에게도 동양을 대표하는 이미지로 각인되기를 바래 본다. 오렌지카운티 풀러턴시에 위치한 머켄텔러Muckenthaler 뮤지엄에서는 한국의 한지 공예나 도자기 수업, 국악 공연 등이 지역 주민들을 대상으로 이루어지고 있다. 또 라구나 로드Laguna Road초등학교나 휘슬러Fisler초등학교와 같이 한인 아이들의 비중이 높은 학교에서는 한복 입는 날이나 부채춤 배우기 등 한국 전통문화를 배울 수 있는 시간이 따로 마련되어 있다.

어려서부터 이중 언어와 이중 문화 속에서 자라나는 아이들이 뿌리 깊고

한인 교회(남가주 사랑의교회)에서 한복을 입고 투호놀이를 하는 킨더가든 아이

아름다운 한국 문화를 체험하고, 나아가 타인종이나 타민족 친구들에게도 소개해 줄 수 있는 시간이 있다는 것이 참 뿌듯하다. 한국의 전통문화가 미국에서도 보편적이면서 아름답고 가치 있는 문화 자원으로 더 풍성하게 꽃피기를 기대해 본다.

미국은 인종의 용광로라 불릴 정도로 다양한 민족이 공존하면서 살아가고 있는데, 오렌지카운티 역시 수많은 민족들이 모여 살고 있다. 민족은 보다 자연적이면서 공간 구속적인 특징을 갖는다고 한다. 우리나라만 해도 산세나 강의 흐름에 의해 생긴 경계에 따라 각 지역마다 고유한 문화를 발전시켜 온 것을 보면, 각 민족은 지형과 기후, 자연지리적 특성과 조화를 이루며 특산품과 관련된 음식 문화와 전통문화를 발전시켜 간다고 할 수 있다.

오렌지카운티의 다양한 민족 축제들

민족의 뿌리 깊고 건강한 민족 정체성은 각각의 이민 사회에 긍정적인 영향을 미치는데, 그 유지를 위해 민족 구성원들은 저마다의 노력을 아끼지 않고 있다. 먼저 각 민족의 언어를 배울 수 있는 기관들로는 대사관이나 문화원 등, 정부 주도의 민족 언어 학교 등을 들 수 있다. 특히 중국은 거대한 자본을 투입하여 어바인 소재 중국문화원에서 무료로 중국어를 가르치고 있다. 우리나라의 경우 한국문화원과 재외동포재단 등을 중심으로 한국어 교육에 대한 지원이 이루어지고 있으며, 한인 교회와 지역 학교를 중심으로 한국(한글)학교를 세우고 다음 세대들에게 한국어와 한국 문화를 교육

하고 있다.

다양한 민족의 언어뿐만 아니라 민족 종교 공간들, 명절 때 전통 의상을 입거나 전통 축제를 여는 것 등 미국 사회에는 다양한 세계 문화가 펼쳐지고 있다.

오렌지카운티의 산 후안 카피스트라노San Juan Capistrano시에서는 히스패닉축제협회Fiesta Association를 통해 다양한 퍼레이드와 먹거리 축제mercado가 펼쳐진다. 멕시코 사람들에게 가장 큰 명절은 5월 5일 싱코 데 마요Cinco de Mayo Fiesta이다. 프랑스 군대에 대항해서 싸웠던 영웅적 전투를 기념하기 위한 축제로, 여러 곳에서 큰 축제가 열린다. 산 클레멘테San Clemente시에서는 애뉴얼 싱코 데 마요 축제가 열린다. 이때가 되면 동네의 공원마다 바베큐 파티가 열리고, 멕시코 전통 의상을 입은 사람들도 볼 수 있다.

헌팅턴 비치에서는 트리비아 밤Trivia Night이라는 작은 축제가 열리는데 이때에는 독일식 레스토랑에서 독일 음식과 맥주, 음료, 프리첼 등을 즐긴다. 위너 독 레이스Wiener Dog Races라는 개 경주도 열리는데 닥스훈트 경주가 특별하게 펼쳐진다. 아일랜드 사람들을 위한 애뉴얼 아이리쉬 축제Annual Irish Fair and Music Festival와 그리스 사람들을 위한 그리스 축제St. Pauls Annual Greek Festival가 어바인에서 해마다 열린다. 또 어바인에서는 글로벌 빌리지 페스티발이 열리는데, 유럽, 아시아, 아프리카, 남북 아메리카 등 50개국 이상의 민족 축제가 빌 바버 메모리얼 공원Bill Barber Memorial Park에서 열리기도 한다. 일본의 벚꽃 축제는 워싱턴 D.C.에서 열리는 것이 가장 유명하지만 캘리포니아에서도 여러 지역에서 열리곤 한다. 오렌지카운티에서는 헌팅턴 비치에서 벚꽃 축제가 열리는데 이때 일본 음식이나 음악, 춤 등의 문화 공연을 하고, 게임, 크래프트 등의 시간도 갖는다. 중국 사람들은

고래 축제 때 고래를 보기 위해 배를 타고 뉴포트 비치를 출발하여 돌고래 가족과 만남

구정에 웨스트민스터시에서 신년 축제를 연다.

한민족을 위해서는 LA 한인 축제가 해마다 열리고, 오렌지카운티에서는 아리랑 축제가 열린다. 다음 장에서 보다 자세히 설명하겠지만 아리랑 축제는 부에나 파크Buena Park시와 라 미라다La Mirada시, 풀러턴시가 만나는 비치길Beach Blvd.과 맬번Malvern, 라 미라다길을 막고 다양한 공연과 먹거리 축제가 열린다. 마치 대학 축제에 간 것처럼 떡볶이와 부침개, 꼬치 등을 사 먹으며 다양한 제품을 선보이는 중소기업 부스들을 구경하며 걸었던 기억이 새록새록 떠오른다. 전통 음악과 춤을 선보이고, 지역 주민들의 장기자랑과 함께 축제는 무르익어 간다. 많은 한인들이 바쁜 일상을 잠시 멈추고 한자리에 모이는 것만으로도 고향에 대한 그리움을 달랠 수 있다.

민족 축제는 아니지만 해변을 중심으로 다양한 축제들이 열린다. 데이나 포인트Dana Point에서는 고래 축제가 열리고, 뉴포트 비치Newport Beach에서는 영화 축제와 테이스트 오브 뉴포트Taste of Newport 축제가 열린다. 도헤니 비치Doheny Beach에서는 도헤니 블루스 축제Doheny Blues Festival가 열리고, 헌팅턴 비치에서는 파도타기 축제, 라구나 비치에서는 아트 축제, 그리고 스패니시풍의 산 클레멘테에서는 오션 페스티발이 각각 열린다.

축제라는 말은 늘 설레임을 준다. 새로운 사람들과의 만남, 맛있는 음식과 볼거리 등과 함께 해변가에서 열리는 오렌지카운티의 다양한 축제들은 곳곳을 바다색으로 물들이는 것만 같다.

뉴포트 비치에서는 크리스마스가 다가오면 배, 요트, 카약 등에 크리스마스 장식을 하고 퍼레이드를 펼치는 축제가 열린다. 또 헌팅턴 비치에서는 크리스마스 때 거리에 무대를 만들고, 그곳에서 지역 중고등학생들이 멋진 합창 콘서트를 열어 깊어가는 겨울을 포근하게 해 준다.

뉴포트 비치의 활기찬 상업 지역

해질 무렵의 뉴포트 비치와 페리

춤은 우리 영혼의 숨겨진 언어라고 한다.[7] 그리고 음악은 우리가 말로 설명할 수 없지만 도저히 침묵할 수 없는 것들을 표현해 준다는 말이 있다.[8] 춤과 음악이 끊임없이 재현되는 시간들, 축제란 그런 것 같다. 특히 이민자들은 언어와 문화가 다른 다양한 민족의 사람들과 모여 살고 있지만 서로를 이방인으로 바라보며 보이지 않는 장벽을 두르고 있었던 것 같다. 하지만 언어를 초월한 춤과 음악은 서로를 공감할 수 있게 해 준다. 나 또한 우리나라의 춤과 음악이 타국에서 펼쳐질 때면 더 큰 감동을 받곤 한다. 특히 태권무를 볼 때면 감동 받는 외국인들의 모습에 너무나 자랑스러워 어깨에 힘이 들어간다. 춤과 음악은 삶이 힘겨울 때 위로를 주고, 기쁠 때에는 더

7) Dance is the hidden language of the soul – Martha Graham

8) Music expresses that which cannot be said, and on which it is impossible to be silent – Victor Hugo

헌팅턴 비치에서 펼쳐지는 합창 콘서트와 크리스마스 데코레이션

좋은 에너지를 선물해 주는 세계 공통의 언어일 것이다.

올해는 코로나로 인해 이 모든 축제들이 열리지 못했다. 축제는 커녕 많은 상점들과 학교가 문을 닫고 있으니 이 작은 도시는 마법에 걸려 깊이 잠이 든 것만 같다. 세계가 함께 아파하니 치유의 시간도 함께 맞이해야 할 것이다. 기다림의 끝에는 분명 기지개를 켜고 모든 것이 소생하여 되찾은 일상을 감사하는 마음으로 누리게 될 날이 올 것이라 믿는다.

민족 정체성의 보이지 않는 영향력

가족들과 함께 디즈니 영화를 보기 위해 극장을 찾은 적이 있다. 예상치 못했는데 영화가 시작하기 전에 짧은 애니메이션이 상영되었다. 인도의 한 소년이 낮잠을 자다 인도의 힌두교와 관련된 꿈을 꾸는 내용이었다. 아마도 인도인 제작자가 민족 종교를 홍보할 의도를 담은 듯했다. 한편 픽사Pixar의 한국인 제작자 에드윈 장은 '바람WIND'이라는 애니메이션을 통해 6.25전쟁을 겪은 자신의 할머니가 네 자녀를 키우며 이민까지 보냈던 사랑을 한국적 정서를 바탕으로 그려내고자 했다. 최근 신장 위구르 자치구에 대한 인권 탄압 이슈를 불러 일으킨 '뮬란' 또한 문화 콘텐츠에서 민족 정체성의 충돌과 경합이 더욱 심화되리라는 것을 보여 주는 듯하다. 특히 영화는 그 사회의 단편을 보여 주고 파급력도 크기에 그 중요성이 크다. 실제 이민 생활에 있어서 민족 정체성은 보이지 않지만 적응에 강력한 영향력을 미친다는 데 그 의미를 찾을 수 있다.

먼저 민족 정체성은 심리적인 요인으로, 학교 성적이나 알코올 중독 관리, 친구 관계나 차별 대우 처리 능력에 긍정적인 영향을 미친다는 연구가 있다. 민족 정체성이 높을수록 자아 존중감이 높고, 우울증이 낮으며 심리적 스트레스도 적다는 것이다. 이처럼 민족 정체성이 이민자의 삶에서 갖는 의미는 쉽게 지나칠 주제가 아니다. 한국인으로서 혹은 한국계 미국인으로서 자긍심이 크고 한국 문화에 대해서도 긍정적이고 적극적으로 받아들이는 태도를 가진 경우, 미국 사회에서도 더 잘 적응하고 존중감을 느낄 수 있다는 것이다. 이민 1세들이 자녀에게 한국인의 정체성과 문화적 유산을 물려주고 싶은 간절함이 그것을 받아들이는 다음 세대들의 삶에도 좋은 영향을 미친다는 것이다. 또한 당연한 이야기겠지만 미국에서 잘 적응하기 위해서는 일반적으로 연령이 어릴수록, 미국에서 교육 기회를 얻거나 영어 수준이 높을수록, 가족 수입이 높을수록 유리하다고 할 수 있다. 이런 사회적 특성은 모두 미국 사회에 적응하는 데 긍정적 요인으로 서로 양의 상관관계를 나타내며 사슬처럼 영향을 미치고 있다.

표 2-3을 보면 연령이 높을수록 학력이나 수입, 영어 수준 등이 낮아지는 부정적 상관관계를 확인할 수 있다. 반대로 학력, 미국에서의 교육 기회, 영어 수준, 가족 수입 등은 하나가 높아지면 서로 긍정적인 영향을 미쳐서

표 2-3 사회 계층적 특성과 미국 사회 적응 간의 관계

특성	연령	학력	미국에서 수학	영어 수준	가족 수입
연령					
학력	−0.26**				
미국에서 수학	−0.35**	0.45**			
영어 수준	−0.27**	0.41**	0.48**		
가족 수입	−0.30**	0.25**	0.23**	0.29**	
체류 기간	−0.17*	0.17*	0.38**	0.32**	0.39**

출처: 홍기선 외(1980), Pearson, *p〈0.01, **p〉0.001

보다 미국 사회에 잘 적응해 나간다는 것을 간접적으로 보여 주고 있다. 여러 요인들 중 가족 수입의 증가는 체류 기간과 가장 높은 상관관계를 나타냈는데, 그것은 비록 미국에서 공부할 수 있는 기회를 얻지 못했다 하더라도 미국에 오래 살면서 얻는 삶의 지혜와 사회 관계망, 새로운 기회 등을 통해 수입도 늘어날 수 있음을 시사한다. 하지만 영어 능력은 미국에 오래 머물면서 자연스럽게 개선되기보다는 미국에서 정규 수학 기회를 가져야만 영어의 한계를 보다 적극적으로 극복할 수 있음을 알 수 있다. 한편 미국에서의 수입 정도나 학력 등의 사회적 요인만으로 미국에서 잘 적응했다거나 적응에 실패했다고 성급하게 판단을 내리는 것은 옳지 않다. 오히려 오래 거주할수록 그 시간 만큼 이민 생활이 분명 더 좋아질 것이라는 희망과, 기회가 된다면 가까운 커뮤니티 대학 등에 등록하여 언어의 한계를 극복해 나가기 위해 노력하는 자세를 갖는 것이 선행 연구를 통해 얻을 수 있는 작은 선물이라고 생각한다. 미국에서도 즐겨 듣는 김창옥 교수의 강연에서 교포들 중에 한국보다 미국에서의 삶을 더 좋아하는 사람들의 공통점은 모두 영어를 잘하는 사람이었다고, 특유의 장난스러운 미소를 띠며 말하는 것을 들었다. 어쩌면 영어 능력이 결국 적응과 연결되고, 그것은 다시 그 사회 공간을 행복하게 느끼기 위한 전제 조건일지도 모르겠다는 생각을 하게 되었다. 영어는 그만큼 넘기 힘든 벽이지만 또 그만큼 포기할 수 없는 것이기도 하다.

3. 재미 교포 사회의 특성과 주거지 분화

한인 정치 1번지

재미 교포들은 대체로 정치적으로 보수적 성향을 보이고 있고, 안보관에서도 대미 관계를 중요시하는 특성을 가진다. 물론 정치·사회적 요인과 경제력 등 다양한 측면에 따라 개인적 차이가 있겠지만 재미 교포들은 한국을 물리적으로 떠나 왔고, 미국 주류 사회에서도 적극적으로 주도하기 어려운 한계를 가지므로, 과거 한국에서 살았던 시간이 화석화됨으로 인해 문화, 정치 의식 등에서 보수적이 되어 간다고 할 수 있다. 홍기선 외(1980)의 연구를 보면 정치 의식(안보관)은 교육과 연령에 따라 변화했는데, 교육 수준이 높을수록 진보적이라고 할 수 있고, 나이가 들수록 보수적이 된다는 일반적 성향이 교포 집단에서도 나타난다고 밝혔다. 물론 미국 교포 사회에서도 남남 갈등이 빚어지기도 한다.

미국 정치에 대한 성향은 미국 사회의 마이너리티인 이민자임에도 불구하고 보수적 성향이 강한 편이다. 미국 내 한인은 미국 인구의 0.47%(U.S Census, 2010 기준)로 소수민족이지만 전통적인 한미 관계와 북미 관계 등을 고려할 때 상대적으로 공화당을 지지하는 보수적 성향이 우세하다. 교포 사회는 기독교적 세계관을 바탕으로 동성애 결혼 반대(Proposition 8), 동성애 교육 반대(SB 48) 법안을 지지하고, 마리화나 합법화에도 반대하는 의사를 개진하고 있다. 미국 이민 생활의 척박함으로 인해 정치에 깊은 관심을 갖지 못하는 부분도 없지 않아 있지만, 한인 사회의 정치적 역량(한인 출신 정치인 배출, 투표 참여 확대 등)을 키워 가는 것도 한인 이민 사회의 중요한 과

제 중 하나이다.

2020 시의원 선거 때 오렌지카운티에서도 한인들이 많이 거주하고 있는 풀러턴시에서 앤드류 조와 프레드 정, 이렇게 두 명의 한인만이 후보로 등록해 이슈가 되었고, 프레드 정씨가 당선되었다. 강석희 어바인 시장과 최석호 어바인 시의원은 미주 한인 이민 사상 최초의 단일 도시 시의원 동반 당선 기록을 수립하기도 했다. 라팔마La Palma시의 스티브 황보 시의원, 부에나 파크의 박영선 시의원과 밀러 오 시의원, 가든 그로브Graden Grove시의 정호영 시의원(부시장) 등 다수의 한인 유권자를 바탕으로 오렌지카운티는 미국에서 가장 많은 한인 시의원을 보유한 카운티로 자리매김했다.

2020년은 코로나로 인해 롤러코스터를 탄 듯 걱정과 소망이 끊임없이 교차했던 잊지 못할 한 해였다. 특히 미국에서는 대선이 치루어졌는데 캘리포니아주의 한인 유권자수가 지난 2016년 대선 때보다 2배로 증가한 것은 한인들의 미국 정치에 대한 관심과 적극적인 참여가 획기적으로 증가한 것이라 할 수 있다.

연방 하원으로 미셸 박 스틸(공화), 영 김(공화) 후보가 당선되었다. 특별히 영 김 후보는 한미 의원 교환 방문USROKIE 프로그램을 다시 만들고, 한미 안보 강화와 위안부 문제, 무역 협정, 북한 인권 등에 대해 한국 정부와 활발히 소통할 수 있도록 역할을 다할 것이라고 포부를 밝히고 있어 더욱 기대가 된다.

캘리포니아 상원의원에는 데이브 민(민주) 후보가, 하원의원에는 최석호(공화) 후보가 3선에 성공했다. 최후보가 출마한 68지구의 한인 유권자 비율은 12%로 비교적 높은 비율이라고 한다. 이를 통해 한인 정치력 신장과 그에 따른 좋은 영향력에 대한 기대감이 크다. 특히 미국 주류 정치인들이 한

인 사회를 보는 시각도 바뀌어 간다는 것은 고무적인 일이라 할 수 있다.[9]

자영업? 자영업!

상명대학교의 정수열 교수는 재미 교포들이 미국 내 소수민족으로서 이민국에서의 생존과 사회 경제적 지위 상승을 위한 주요 수단으로 자영업을 선택하는 경우가 많다고 했다. 자영업이 활성화된 원인으로는 이민 1세들의 언어적 한계, 미국 사회 내에서 취업의 어려움 등을 들 수 있다. 이와 비슷한 맥락에서 자영업은 지역 커뮤니티 경제 사회에 진입할 수 있는 문턱이 낮고, 한국의 자본이나 문화를 끌어들일 수 있으며, 한인들에게 일자리를 제공하는 등, 이민 사회 공간의 발전에 디딤돌이 된다. 한인들이 집단적으로 거주하는 한인 커뮤니티는 일종의 거주지 분화 형태로 볼 수 있는데, 이는 문화와 성격 등을 잘 알 수 없는 타인종과 거리를 두고, 같은 한국 사람과 가까이 살면서 안전감을 느끼고자 형성되기도 한다. 정수열 교수는 재미 교포의 이러한 거주지 분화를 주류 사회로의 동화 노력과 교포 사회로 밀집하는 민족성에 의한 것이라고 보았다. 즉 교포 사회의 거주지 선택은 민족적 친밀함과 정보 교류, 문화 공유와 같은 구심력과, 백인 커뮤니티와의 근접성, 한인 커뮤니티를 회피하려는 원심력의 상호작용에 의해 결정된다고 할 수 있다. 오렌지카운티의 풀러턴시는 교육 환경이 좋아서 교육열이 높은 한인들과 인도 사람들이 주를 이루며, 어바인시는 신도시로

---

9) LA중앙일보 2020.11.17

서 세금과 주택 가격이 비싸 주거 진입이 상대적으로 어렵지만 동시에 교육, 생태 환경이 좋아서 한인들과 중국인들 사이에서 인기가 많은 지역이다. 오렌지카운티에 근접한 샌 버나디노San Bernardino카운티와 리버사이드Riverside카운티는 도심에서 떨어진 외곽 지역으로, 주말에는 LA나 오렌지카운티로 장을 보러 와서 일주일치 생활필수품들을 구입해 가기도 한다. 리버사이드에 거주하는 한인 여성 미용사는 매일 풀러턴으로 출퇴근하고 있는데, 오고 가는 데 피곤함을 느낀다고 한다.

> 한국에서 산업 연수차 미국에 왔다가 재미 교포인 남편을 만났는데, 리버사이드가 이렇게 전원 지역인 줄 알았다면 결혼하지 않았을 것이다. (웃음)
>
> (풀러턴시의 S 미용실에서 인터뷰)

길을 걷다 들리는 한국말과 레스토랑에서 만나는 한국 사람들은 이민 생활에 단비 같은 존재이지만, 코리아타운이 형성되고 한인의 수가 점차 증가하게 되면서 암묵적으로 조금씩 회피하는 현상도 나타난다. 결국 이주지에서 사람들은 자신과 같은 민족의 사람들과 함께 하기를 원하면서도 그 수가 증가하면 다시 새로운 곳을 찾아 떠나고 싶어하는 욕구가 있다. 그럼에도 불구하고 미국 사회 공간에 같은 민족 중심의 모자이크 공간이 고착되는 것은 모국과의 연계를 통한 시너지 효과 발생, 언어와 문화의 공유, 한인으로서 지역사회에 목소리를 낼 수 있는 풀뿌리 역할 등 긍정적인 집적 효과가 크기 때문일 것이다.

재미 교포들이 사회에 적응하는 데 있어서 매우 중요한 요인 중 하나는 한인 교회이다. 재미 교포 사회에서 한인 교회는 종교적 기능뿐만 아니라 사회적 기능과 심리적 기능도 수행하고 있다(Hurh & Kim, 1990). 새롭게 이민 오거나 타지역에서 이사온 이웃을 위해 공항에서 픽업하는 것에서부터 가구를 마련하는 일, 동네를 안내하며 마트와 약국, 식당 등을 세세하게 알려 주는 일들까지 도움을 아끼지 않고 있다. 대형 한인 교회들은 이번 코로나 팬데믹으로 인해 경제적 타격을 입은 한인들을 지원해 주고, 푸드 뱅크를 통해 주변 지역의 다양한 인종의 저소득 계층을 발빠르게 지원하고 있

풀러턴시의 한인 교회 북카페가 지역 주민들에게 개방되어 있다(은혜한인교회).

다. 또한 작은 교회들의 렌트비를 지원해 주거나 비지니스에 타격을 입은 교우들도 지원하고 있다. 물론 평상시에도 어려운 환경에 처한 장학생들을 뽑아 장학금을 지원하고 소외 계층들을 다각적으로 돕고 있다.

한편 한인 교회는 한국어를 할 수 있는 기회를 제공하고, 한국 음식을 나누거나 명절을 지키면서 한국 문화를 계승하고 유지하는 역할도 담당한다. 또한 한국인과의 교제를 통해 심리적 안정감과 정보 교환의 기회를 얻을 수 있는 사회 문화적 장소이다. 교회는 이민 역사에서 매우 중요한 역할을 담당해 왔으며, 미주 한인 사회 공동체의 기반이라고 할 수 있다.

한인들이 많이 모여 사는 풀러턴시의 한인 교회에서는 북카페를 열어 지역 주민들에게 문화 공간을 제공하고 있다. 종종 아이들과 함께 북카페에

나의 이민 생활 중 안식이 되어 준 사랑의교회에 있는 크리스마스 장식

가서 간식을 먹으며 책을 보곤 하는데, 그때마다 마음속에 닻이 내려진 듯한 안정감과 왠지 모를 따뜻함을 느끼게 된다. 그리고 이곳에서 자신의 입장과 상황의 한계를 넘어 상대방의 이야기에 귀기울여 주고 깊이 이해해 주는 그런 성숙한 한인들과의 만남이라는 소중한 축복을 구해 보곤 한다.

크리스마스가 다가오면 교회에서는 은은하고 아름다운 성탄 트리를 세워 놓고 가족들이나 친구, 연인과 사진을 찍으며 한 해를 마무리할 수 있는 장소를 만들어 준다. 하늘의 보좌를 버리고 낮고 차가운 땅에 오신 예수님은 작고 초라한 마굿간이 그가 처음 맞이한 세상이었다. 로마의 황제를 찾기보다는 눈먼 사람과 다리 저는 사람과 과부와 고아를 먼저 찾아가신 예수님! 어쩌면 예수님도 하늘에서 땅으로 이민자의 삶을 사신 것인지도 모

미국 대선 후보들이 찾는 새들백Saddleback교회의 크리스마스 예배

표 2-4 재미 한인의 종교 성향 분포(이제훈, 2008)

특성	참여 수(명)	비율(%)
종교 없음 (무교)	559	14.3
크리스찬(구교, 신교)	2,671	68.5
불교	99	2.5
기타	94	2.4
무응답	475	12.2
합계	3,898	100.0

르겠다. 피할 수만 있다면 피하고 싶었을 십자가를 지는 사명을 가지고…. 성탄 아침에는 그 사랑 덕분에 우리 모두의 마음이 한결 따뜻해지기를 바래 본다.

재미 교포의 종교 성향 분포를 이제훈(2008)의 재미 한인 사회 종교 실태 분석 연구를 통해 살펴보았는데[10] 크리스찬이 68.5%를 차지해 4명 중 3명 정도가 교회에 다닌다는 것을 알 수 있다. 한국어 주 사용자들과 이민 1세대, 한국인 정체성이 강한 사람, 그리고 서부 지역 거주자들에게서 기독교적 성향을 더 잘 찾아볼 수 있다. 미 서부 지역의 LA카운티와 오렌지카운티에만 한인 교회의 수가 각각 641개와 222개로, 미국 내의 전체 한인 교회 3,906개의 22%가 밀집되어 있다. 미 서부의 캘리포니아주, 오레곤주, 워싱턴주 등 전체를 생각하면 서부 지역의 한인 교회의 수와 점유율은 훨씬 높다고 할 수 있다. 재미 교포와 그 사회 공간을 이해함에 있어서 가장 확실한 것은 어디든 사람이 사는 곳은 언제나 의식주와 가족과 친구, 동료가 필요하고 커뮤니티와 공공기관 등, 보호하는 울타리 안에서 삶을 영위하게 되어 있다는 것이다. 그 안에서 지역 주민으로서 자신만의 고유한 문화를 만

---

10) 이제훈은 2008년 5월 1일부터 7월 31일까지 재미 교포 3,898명을 대상으로 〈Korean American National Survey〉를 실시해 종교 사회에 대한 실태를 분석했다.

들어 가고, 정을 나누는 이웃을 만나며, 새로운 사회의 규범 안에 적응해 나가는 것이다. 그렇게 조금 더 시야를 넓혀 보면 전 세계에 흩어져 있는 코리안 디아스포라들은 물론 대한민국의 국민 한 사람 한 사람도 결국 삶의 장소 안에서 자신의 하루하루를 채워 나가는 것을 깨닫게 된다. 이렇듯 이주자로서의 재미 교포의 정체성과 장소를 살펴보는 것은 재미 교포 자체에 대한 이해뿐 아니라 코리안 커뮤니티, 나아가 한국(본국)과 미국(이주국) 사회를 이주민의 시선으로 바라보는 데 조금이나마 도움이 되리라 기대한다. 그리고 이번 코로나로 인한 록다운을 통해서도 느꼈지만 비록 우리가 발을 딛고 있는 곳은 매우 한정적이고 작은 곳에 불과하지만, 반대로 우리는 그 막막한 고립으로 인한 반작용으로 더 적극적으로 세계와 연계해 갈 수 있다. 온라인을 기반으로 언컨택트를 통한 만남이 무한대로 열릴 수 있음을 경험한 것이다. 무료로 공개했던 러시아의 볼쇼이발레단을 시작으로 라스베이거스의 오쇼O Show, 뮤지컬 오페라의 유령The Phantom Of The Opera, 그 밖의 수많은 공연과 콘서트가 온라인에서 오픈되었고, 뉴욕의 박물관과 샌디에고의 동물원들까지 가상 관람을 할 수 있게 되었다.

사랑은 두려움을 이긴다.

어쩌면 이 한 문장이 내가 이 책을 쓴 가장 큰 이유이기도 하다. 내가 살고 있는 현재의 삶의 장소와 사람을 사랑하고자 노력하는 것, 그리고 이미 떠나온 곳을 부드러운 비단 보자기 같은 것으로 포근히 감싸 안는 것이 이민자뿐 아니라 21세기의 노마드에게 꼭 필요한 것임을 말하고 싶었다. 나아가 내가 미래에 만날 새로운 곳들도 담대한 마음으로 소중하게 맞이하자고, 팬데믹과 같이 비록 두려움을 안겨 주는 장소와 시간일지라도 사랑하자고, 그래서 사랑으로 두려움을 이겨 나가자고 말이다.

제3장

재미 교포의 다중 정체성

과학의 발전은 공간을 이동할 때 걸리는 시간을 정복하였고, 인종과 민족의 이동 속도는 그야말로 인간 본성이 따라잡기 어려울 정도가 되었다. 물길을 막으면 구부러져 흐르듯 국제적인 이동과 이주라는 단어는 더 이상 통제할 수 없는 인간 생활의 핵심 주제가 되었다. 달이나 그 외의 행성들을 여행하는 상품이 등장하고 있으니, 미지의 세계를 향한 인간의 본성은 콜럼버스 시대와 그리 달라지지 않은 것 같다.

부정적 시각에서 보면 세계를 순식간에 마비시켜 버린 팬데믹의 시간도 결국 인간의 무수한 이동과 그 가속도에 기인한다고 볼 수 있다. 이 때문에 지구촌은 순식간에 엄청난 고통을 겪었다. 하지만 비행기가 공항에 멈추어 있거나 텅 빈 채 목적지를 향해 날아갔음에도 불구하고 인간의 공간 이동을 멈출 수는 없다. 요즘 미국의 부유층들은 투자 이민 등을 통해 다른 나라 여권을 사는 것이 유행처럼 되어 버렸다. 인간은 누구나 방랑에 대한 환상이 있다. 감옥이라는 곳도 이동을 제한시키고 원하지 않는 곳에 가두어 두는 형벌을 받는 곳이지 않은가? 반대의 시각에서 보면 백신이 만들어지고 상용화되는 것 또한 세계적으로 동시간대에 이루어질 것이고, 앞으로 글로벌 차원의 문제 해결은 피부에 닿듯 지식 공유를 통해 세계가 함께 노력해 갈 것이다.

미국은 앞서 언급한 것처럼 인종의 용광로라 불리울 정도로 다양한 이주민들이 모여 사는 나라이다. 최근에는 고유의 형상을 잃고 모두 녹아 버리는 용광로라는 말 대신 모자이크라는 말을 사용한다. 우리 식으로 표현하면 비빔밥 같다고 할 수 있다. 각자 모국의 독특한 문화를 유지하면서 통합을 통해 더 나은 무언가를 추구하기 때문이다. 이민자들에게 요구되는 바람직한 정체성도 현지에 무조건 동화되는 것이 아니라 조화를 이루는 것이라는 말을 하곤 한다.

실용주의 때문일까? 아니면 지진을 대비한 것일까? 조금은 무미건조하게 생긴 건축물들로 인해 다양한 인종에 따른 문화 경관이 잘 드러나지는 않지만, 풀러턴시의 커먼웰스Commenwealth길에 생긴 거대한 인도의 힌두 사원이나, 애너하임시 브룩커스트Brookurst길에 있는 한인 교회로서 미국 100대 대형 교회 중 하나로 꼽혔던 남가주 사랑의교회, 그리고 길 건너에서 마주하고 있는 이슬람 사원 등은 문화 접점이 되는 대표적인 경관이라 할 수 있다. 물론 일본타운, 중국타운, 대만타운, 코리아타운 등 주거 집중과 상업 지역(각 나라별 대형 마트) 등의 집적 현상도 그러한 모자이크의 한 단면이라 할 수 있다.

이러한 문화의 융합은 비단 미국만의 이야기가 아니라 세계화 시대의 거의 모든 나라들이 겪는 과정이라 할 수 있다. 10년 전쯤 한국에 있을 때 대학원의 사회지리학 팀 후배는 이태원에 있는 이슬람 사원에 관한 논문을 쓰기도 했고, 또 다른 후배는 대림동 중국 거리에 대한 논문을 준비하기도 했는데, 지금은 그때 당시와는 비교도 할 수 없을 만큼 한국도 다문화사회가 되었을 것 같다. 어쨌든 미국은 청교도들의 이주와 개척으로 시작된 나라이고, 일찍부터 적극적으로 이민을 받아들였다. 이민자의 나라인 미국에서 살고 있는 재미 교포들의 삶의 밑바탕에는 끊임없는 정체성의 변화가 깔려 있다. 그러한 정체성을 들여다보면서 재미 교포에 대한 이해와 함께, 한국에 거주하는 이주자들을 타인이 아닌 외국에 살고 있는 '나', 혹은 '나의 가족'으로 생각해 볼 수 있는 계기가 될 것이다.

1. 이주민으로서 나의 이야기

외국인은 처음부터 외국인?

한국에 살 때 연세중앙교회 해외선교부에 소속되어 다양한 나라에서 온 외국인들을 만날 기회가 많았다. 돌이켜 보면 그때 나는 늘 그들을 진정으로 알려고 하지 않고, 그저 처음부터 외국인으로만 생각했던 것 같다. 무의식적으로 '원래 그들은 한국말이 어눌하고, 피부색이 다르며, 한국에서 살고 있는 이유는 나에게 그렇게 중요하지 않다'고 생각했던 것은 아닐까.

미국에 이민을 온 후에야 그들에게 진실한 친구가 되어 주지 못했던 나의 모습이 떠올라 미안한 마음이 들었다. 나 역시 이민을 와서 환영을 받은 것은 아니었고, 그렇다고 차가운 시선을 마주한 것도 아니었지만, 외국인으로 살아간다는 것 자체가 쉽지 않은 일이었다.

한국 영화 '기생충'의 아카데미상 수상으로 한국뿐 아니라 미국 그리고 전 세계에 있는 한인들이 큰 기쁨과 감격의 시간을 가졌다. 미국에서 활동하고 있는 캐나다 출신 여배우 산드라 오는 아카데미 시상식에서 영화 기생충의 봉준호 감독에 대해 "한국에서 자란 한국인, 한 번도 소수 인종으로서 인종차별적 사회에서 자라지 않은 사람의 자유로움 그 자체를 보았다"고 말했다. 그 말이 나의 마음에는 오랫동안 여운으로 남아 있다. 한국 영화가 미국 아카데미 시상식에서 당당히 수상할 때 느꼈던 감동과 자랑스러움뿐 아니라, 한국에서 살 때 물고기가 물에서 살 듯 편안하고 자유로웠던 시간들이 아련하게 그리워졌기 때문이다.

나는 한국에서 박사 과정을 수료하고 논문을 준비하러 잠시 미국에 왔다

LA 코리아타운 길의 전광판에 걸려 있는 영화 '기생충'의 포스터

가 재미 교포 1.5세를 만나 이민이라는 것이 무엇인지 깊게 고민하지 못한 채 조금은 급작스럽게 결혼 이민을 오게 되었다. 이민 생활 초기에는 학위 논문을 써야 한다는 구체적인 목표 의식이 오히려 나를 흔들리지 않도록 붙들어 준 것 같다. 물론 논문을 쓰는 동안 절박감이 몰려 올 때도 있었고 포기하고 싶었던 순간도 있었지만 "기저귀를 갈면서도 계속해서 논문에 대해 생각하라"며 나의 상황을 그대로 이해해 주신 지도 교수님의 실질적 조언이 큰 힘이 되었다. 일을 얼마나 했는지 지문이 다 닳아서 잘 찍히지 않는 부모님의 성실하고 겸허한 뒷모습 또한 나를 포기하지 않도록 이끌어 주었다. 그렇게 한국에서부터 시작되었던 학위 논문의 대장정을 끝내고서야 잠시 여유를 찾을 수 있었다. 그리고 문득 나를 돌아보았을 때 앞에도 뒤에도 아무도 없는 사막에 나 홀로 서 있는 듯한 외로움을 느끼기도 했다. 나라는 존재는 이민 1세인 기혼 여성이었고, 미국에서 수학한 경험이 없어서 영어 능력에 한계를 갖고 있는 아시아의 소수민족 중 한 사람이었다. 그리고 자녀들의 학교생활에 내가 어린 시절 경험한 것을 가르쳐 줄 수 없다는 것과, 자녀들은 점점 더 한국어를 어려워하며 나와 깊이 있는 대화를 할 수 없게 된다는 것을 깨닫고 조급한 마음이 엄습하기도 했다. 나이를 더하며 '여성'이라는 이름이 주는 보이지 않는 무게도 비로소 느끼게 되었다. 투르니에Paul Tournier는 『여성 그대의 사명은』이라는 책에서 우리 사회 속에 배제된 여성성에 대해 안타까워했는데, 나 또한 경쟁적이고 차갑고 건조한 사회 속에서 이루어지는 일이나 전문 영역에서 여성성은 때때로 감추어야 하는 영역이 되고 말았다는 그의 생각에 동의할 수 밖에 없었다. 그리고 여성으로서 자신의 생각과 의견을 당당하게 밝히며 살아가는 데에는 용기가 필요하다는 것도 알게 되었다.

2009년에 이민 와서 처음 생일을 맞으며 쓴 일기를 잠시 나누고 싶다. 만약 지금 막 미국에 이민 온 분이 있다면 외롭고 힘든 그 터널을 지나는 것 같은 시간에도 결코 혼자가 아니라는 것과, 터널 끝에는 더 넓고 풍성한 대지가 기다리고 있다는 것을 이 일기를 통해 말해 주고 싶다.

오늘은 미국에서 처음 맞이하는 생일이다. 로즈크랜스Rosecrans길에 있는 스타벅스에 앉아 이 글을 쓰고 있다. 요 몇일 동안 나는 참 많이도 울었다. 이렇게 마음을 제어하지 못하는 내가 얼마나 미운지 모르겠다. 재미 교포와 결혼하고 새로운 나라로 이주해 살게 된 것이 조금은 특별한 삶일 것이라고 동경하기도 했었는데, 요즘의 나는 가끔 이곳에서 내가 아무것도 할 수 없을까 봐 두렵다. 부모님과 가족들이 생각날 때면 외로움에 가슴이 막히고, 나의 생활 반경이 점차 좁아지는 것 같아 답답함마저 느끼곤 한다. 누군가 내게 다가오거나 내게 전화를 걸어 '네가 선택한 길이 옳은 길'이라고, '너는 할 수 있다'고 어깨를 두드려 주며 나를 따뜻한 눈으로 바라봐 주었으면…. 오랜 여행을 하는 것 같다. 내 방으로 돌아가고 싶은데 이 여행은 계속된다. 거대하고 육중한 문을 만나 그 문 앞에서 초라하게 서 있는 것 같다. 나는 그 문을 만져 보고 두드려도 보고 둘러보기도 하지만 아직은 열 수 없다. 그 문의 열쇠를 먼저 찾아야 한다고 조급해 한다. 언젠가 문이 열리면 나는 그 문이 인도하는 새로운 세계를 보고 마음껏 여행하리라 믿는다.

이민 초기에 느꼈던 막막함과 고독함이 지금 이 글을 쓸 수 있도록 씨앗이 되어 마음속에 심어졌던 것 같다. 이민 생활 중에 갑자기 찾아오는 외로움은 어떤 한 사람만의 문제가 아니라는 것, 설사 내가 볼 수 없고 느끼지 못하더라도 주위의 가족과 이웃들은 나를 변함없이 사랑하고 있다는 것, 모두가 저마다의 짐을 지고 보다 나은 삶을 살고자 노력하고 있다는 것을 잊지 말아야 한다. 세계 어느 곳에 살고 있든지 하루하루 우리가 맞이하는 삶의 기쁨과 슬픔은 동일한 것이다. 살아가면서 지치는 날에는 모든 사람에게 사랑 받으려는 노력을 잠시 멈추고, 또 어떤 일을 시작할 때 반드시 누군가의 허락이나 지지를 받아야 한다는 부담을 내려놓고 오직 자신의 참된 자아의 목소리에 집중하면서 스스로를 격려하라고 말하고 싶다. '나는 비록 연약하지만 있는 모습 그대로 무언가를 시작할 수 있다'라고.

이야기가 조금 다른 방향으로 흘렀지만 내 삶의 과제이기도 하고, 미국에 살고 있는 많은 재미 교포들이 마주하고 있는 세대 간의 갈등이라 할 수 있는 이민 1세와 1.5세, 그리고 2세에 대해서 나름대로 고민하고 연구했던 것을 이번 3장에서 이야기하려고 한다. 세대 간의 갈등은 분명 어느 사회나 존재하겠지만 친인척이나 어린 시절 친구가 상대적으로 많지 않은 재미 교포 1세의 삶에 미치는 영향력은 더 클 것이다. 각 세대는 그 출신과 가치관 등이 이미 다름을 인정하고 모국과 이민국, 그리고 세계를 삶의 무대로 하는 열린 마음으로 서로를 보듬어야 할 것이다. 왜냐하면 흐르는 강물이 늘 같아 보이지만 날마다 새로운 물이 대체된 것이 듯 세대는 항상 변하기 때문이다. 현대인이라면 누구나 마주하게 될 '다중 정체성'이라는 주제를 이민자들이 먼저 경험하고 있다는 어느 학회 발표문이 계속 기억에 남는다. 흔들리지 않는 뿌리 의식, 즉 자신에 대한 고유한 정체성과 더불어 어느 곳에서나 잘 적응하고 그곳 삶의 문화를 존중하는 것이 다중 정체성의 의미가 아닐까 생각해 본다. 앞 장에서 언급한 역동적 진정성과 같은 맥락에서 역동적인 정체성을 갖는 것, 즉 미래에 변화할 나의 정체성과도 상승하는 두 파장이 만나듯 더 아름답게 조화를 이룰 수 있는 것이 다중 정체성일 것이다. 그리고 그것은 이민자뿐 아니라 빠르게 변하고 움직이는 혁명 같은 현대 사회 속에서 살고 있는 우리 모두의 정체성이기도 하고, 적응이라는 과제와 함께 그 안에서 변하지 않는 진리를 더욱 붙들어야 한다는 의미이기도 하다.

2. 세대 간의 보이지 않는 선

끊임없이 유입되고 생성되는 교포 1세, 1.5세, 2세

한국의 한 국회의원은 재미 교포 커뮤니티를 방문한 후 교포 사회는 세월이 지나도 변하지 않는 고립된 섬과 같다는 말을 했다. 재미 교포는 한국 드라마에서 저택에 살고 있는 재벌 2세로 등장하기도 하고, 반대로 입양되어 힘든 과정을 겪으면서 미국 사회에 당당히 적응해 가는 인물로 나오기도 한다. 때로는 한국 TV 프로그램에 영어 발음이 좋은 혹은 독특한 음색을 가진 미국식 이름의 연예인으로 한국 사회에 비추어지기도 한다. 재미 교포의 정확한 규모를 파악하기 어려운 한계가 있지만, 재미 한인의 인구 규모가 통계상 200만 명이 넘는 것에 비해 재미 교포 사회는 수면 아래로 가려져 있는 것 같다.

재미 교포 사회는 수없이 많은 체인들로 보이지 않게 연결되어 있다. 한인 교회나 성당, 사원 모임 등을 중심으로 한 종교 네트워크, 학연을 중심으로 하는 다수의 동문회들, 한국 정부와 연계된 여러 한인회나 한국 학교, 풀뿌리 모임들, 자녀들의 학교와 기타 활동을 중심으로 한 다양한 부모 모임들, 취미 생활을 공유하는 동호회, 커뮤니티나 주택 단지의 모임, NGO, 동종 업계 협회 등 다양한 한인 간의 연계 모임이 존재한다. 이러한 크고 작은 단체들은 서로 중첩되고 확장되었다가 사라지기도 한다. 그럼에도 불구하고 한 인간으로서 재미 교포는 누구나 어느 순간 대지에 자기 혼자 놓인 듯한 막막함을 느끼곤 한다. 언어와 민족이 다른 새로운 삶의 공간에서 뿌리를 내리며 살아간다는 것은 결국 한 존재로서 홀로 감당해야 할 과제이기 때문일 것이다. 그것은 이민 1세뿐 아니라 부모님의 손을 잡고 함께 이민 온 1.5세들도 마찬가지이다. 낯선 미국 학교에서의 생존을 위해 사춘기도 느끼지 못하고 지나갔다고 고백하는 1.5세들을 많이 보았다. 이민 1세, 1.5세, 2세들은 어떠한 모습으로 미국 사회에서 살아가고 있을까?

뿌리 깊은 나무가 흔들리지 않는다: 이민 1세

이민 1세는 성인이 되어 미국에 이민해 온 사람들을 말하며, 교포 사회 중심으로 한국 지향적인 삶의 행태를 보인다. 한국 드라마나 뉴스를 보고, 한국 정치와 사회에 지대한 관심을 갖고 있다. 대부분 한국어를 사용하고 한국 사람들끼리만 교제하는 것을 볼 수 있다. 모국과 연계된 다양한 정치·사회 단체에 참여하고, 한국 마켓과 한국 신문, 한국 화장품 가게나 옷가게 등을 이용한다. 한국이 직접 미국에 요구하기 어려운 사안에 대해서는 정치력을 행사하기도 한다. 예를 들어 2007년 미 하원에 의한 일본 위안부 사죄 결의안(HR121), 2020년 3월 북미 이산가족 상봉 결의안(HR 1771) 등이 통과되는 데 미국 내 한인 유권자의 촉구가 큰 힘을 발휘했다고 볼 수 있다.

1970년대의 이민 1세와 2020년의 이민 1세는 한국의 급속한 경제 성장에 따른 변화만큼 서로 다를 것이다. 한인 이민 초기 '남청여바'라는 말이 있었는데, 남자는 청소를 하고 여자는 바느질을 한다는 의미이다. 단순한 허드렛일을 하며 미국 사회의 하류층에 속했던 1970년대의 이민 1세와, 이민과 동시에 거대한 한국 자본을 끌어들여 사업을 하고 고급 부동산을 소유하는 등 미국의 고소득층에 바로 편입되는 2020년의 이민 1세는 산천이 변한 것처럼 다를 것이다. 물론 앞서 살펴본 바와 같이 최근에는 다양한 계층과 직업의 사람들이 미국을 찾고 있어 동년배의 1세들 간에도 상당한 사회 경제 문화적 차이가 있지만 연령에 따른 1세들 간의 차이는 생각보다 매우 크다. 한국에서 갓 결혼해서 미국으로 이민 온 이민 1세 며느리와, 미국에서 오랜 세월 이민 1세로 살아 온 시어머니와의 간극은 지구를 반 바퀴 돌고도 남을 정도일 것이다.

이민 1세가 경험하는 또 하나의 어려움은 자녀들이 자라면서 한국어를 잊어버리고 자신들의 세계가 형성되면서 부모 세대와 멀어져 갈 때 무력감을 느끼게 되는 것이다. 빈둥지증후군이라는 말이 있지만 사회적 관계망이 취약한 이민 생활에서 자녀를 더 넓은 세계로 떠나 보내고 난 후 자기 자신을 잃어버리는 가슴 아픈 경우도 보았다. 인종차별이나 언어의 장벽으로 인한 물질적 손해, 심리적 위축 등은 두말할 필요도 없는 장애물일 것이다. 아시아인은 인종차별에서도 차별을 받는다는 말이 있다. BLM(Black Lives Matter) 운동과 같은 흑인 인권과 관련된 이슈에 비해 아시아인의 인종차별 사례는 미국 사회에서 주목받지 못하기 때문에 생긴 말이다. 또한 이민 1세들은 미국에서 적응하기 위해 치열하게 노력하며 보낸 세월만큼 감당하기 힘들게 변해 버린 한국 속에서도 자신들의 자리를 잃게 된다. 여전히 미국 사회에 온전히 소속되지 못한 마이너리티라는 현실 속에서 이중 이방인이 되어 가는 것이다.

교포 사회에서 좋은 친구를 사귄다 해도 그들의 과거에는 '나'라는 존재가 없다. 그리고 한국의 오랜 친구들이 그리워 연락을 하면 그들의 현재에는 또한 '나'라는 존재가 없다. 그것이 이중 이방인의 한 단면이다. 현재와 과거의 단절이 이민자들에게는 붕 떠 있는 것만 같은, 어디에도 소속되지 못한 것만 같은 상실감을 느끼게 한다. 가끔 고국을 찾아 고향에 있어도 고향이 그리운 것은, 부재한 시간 동안 변해 버린 고향에서 이민자들은 어느새 객이 되었기 때문이다. 사람은 동시에 두 군데 모두에 존재할 수 없는 것인데 계속 그런 욕심을 낸 적도 있는 것 같다. 한국에 있는 가족들은 나의 이민 전의 모습을 생각하며 이야기하지만 나는 어느새 이민자로서의 경험을 바탕으로 다른 모습이 되어 있어 어색함을 느끼기도 한다.

> 처음 한국에 가서 친구들을 만났지만 세월과 함께 변해 버린 모습 속에서 오히려 낯섦을 느꼈다. 그리고 다음에 한국에 갔을 때에는 홀로 맛집을 찾아 다니곤 했다. 한번은 지하철에서 무언가를 먹고 있는데 사람들이 동물원의 원숭이를 보는 듯 바라보았다. 철로 사이로 내리는 눈을 바라보며 나의 몸은 그리워했던 한국에 있지만, 분주히 오가는 많은 사람들 속에서 홀로 놓여진 것 같다는 느낌이 들었다. 비지니스를 한국으로 확장해 보려는 노력도 한국에 가면 이민 생활의 외로움을 해결할 수 있을 것이라는 기대 때문이었는데 도움이 되지 않을 것이라는 것을 깨달았다.
>
> (세리토스, 50대 남성, 외식 산업)

이민자로 살다 보면 어느 곳에서나 누군가가 그리운 것 같다. 한국과 거의 같은 브레아Brea몰에 있는 아웃백스테이크하우스에 가끔 간다. 맛도 훌륭하지만 한국에서 종종 친구들과 즐거운 시간을 가졌던 곳이어서 더 좋고 반갑다. 비가 내리고 이젠 꽤 추워졌다. 서울에서 만큼은 아니지만 이곳에서는 누구를 만나거나 새로운 일을 마주하게 되면 늘 과거에 내가 살던 곳과 연관해서 생각하게 된다. 과거와 연계해서 생각하는 것은 포근함과 위안을 주는 긍정적인 면도 있지만, 나를 과거에 머물게 하는 부정적 측면도 함께 존재한다. 아마도 새로운 삶의 장소에서 가장 넘기 힘든 벽은 자기 자신이 그동안 쌓아 온 고정관념들일지도 모른다. 늘 내가 가지고 있던 한계 안에서만 새로운 것을 받아들이는 그런 것 말이다.

타인은 물론 나 자신에게도 완전히 진실하게 산다는 것은 매우 어려운

브레아시에 있는 아웃백스테이크하우스

동네와 연결된 랄프 클라크 공원

일이겠지만, 오히려 모든 것이 낯선 곳에서 진실한 나 자신과 자주 대면하게 된다. 과거에 내가 겪었던 상처나 왜곡된 시선 등이 뜻밖의 순간에 드러나면 흠칫 놀라기도 한다. 하지만 새로운 출발을 하면서 그래도 변하지 않는 진정한 아름다움에 대해 생각해 보며 마음을 다잡을 수 있었다. 그것은 눈을 감아도 보이고, 귀를 막아도 들리는 것임을 깨달았다. 한국에서의 아름다웠던 기억만큼이나, 이곳에서도 거짓된 것들이 벗겨진 진정 아름다운 추억들이 많아질 것이라고 나는 믿는다.

이푸 투안Yi-Fu Tuan의 말처럼 근대적 인간은 시간이 아니라 거리를 정복했을 뿐 생애라는 시간의 범위에서 과거에도 그랬듯이 한 인간은 그저 세계의 작은 모퉁이에만 깊이 뿌리내릴 수 있을 뿐이다. 미국에서의 시간이 10년이 지난 후에야 비로소 나는 받아들이게 되었다. 더 이상 나의 삶의 장소는 내가 그토록 그리워하던 나의 고향이 아니라, 바로 지금 발을 딛고 서 있는 오렌지카운티라고 말이다. 언제든 한국으로 돌아갈 수 있는 리턴 비행기표를 1년 동안 소중히 보관하며, 낯선 미국에서 살아가는 힘으로 의지했던 그 시간들을 지나, 이제는 동네 공원을 기쁘게 산책하며 여유로움을 누릴 수 있는 지역 주민이 된 것 같다. 그러한 뿌리내림이 오히려 흔들림 없이 나의 고국을 마음껏 사랑할 수 있는 자양분이 된다는 것을 나는 알게 되었다.

모자이크 속의 작은 모자이크

코리안 아메리칸으로서, 넓게는 코리안 디아스포라로서 정체성을 갖고 그 이전에 한 인간으로서 그렇게 있는 모습 그대로 삶을 살아가는 것은 매우 중요한 일이다. 현재 살고 있는 장소를 사랑함으로서 더 깊게 뿌리내릴 수 있고, 그래야만 이민 생활이 더욱 풍성해지고 바람에도 흔들리지 않을 것이다.

재미 교포 1세대들은 출신지(서울, 경기, 영남, 호남, 충청, 강원, 제주 등)에 따라 정착지에 차이를 보이기도 하고, 각각 조금씩 다른 문화를 만들어 간다. 대체로 미 동부쪽에는 호남, 서부쪽에는 영남 출신 사람들이 많이 모여 산다고 한다. 가족 이민이 많고 지인들을 찾아 이민을 오기 때문에 자연스럽게 같은 지역 출신 사람들이 모이게 되는 것으로 보인다. 인간이 새로운 지역으로 이동할 때에는 물론 풍부한 취업 기회가 있는 지역으로 가기 쉽지만, 친구나 친척이 있어서 호의적으로 지각하고 있는 곳으로 이입된다는 연구도 있다(월퍼트, 1965). 즉 출신 국가별로 타운이 형성되는 것처럼 세부적으로는 출신 지역의 작은 모자이크가 나타나는 것이다. 결국 모국과 이민국은 서로 연계되어 있고, '나'라는 존재는 모국에서 살아온 모습과 경험을 무의식적으로 새로운 이주지인 미국에서의 삶 속에 재현해 간다. 인간은 하늘에서 뚝 떨어진 존재가 아니기 때문에 자신이 자라온 가정과 품어주었던 고향은 이민자의 미래에도 영향을 주는 것이다. 그것이 고운 향기가 되고 소중한 밑거름이 될 수 있도록 삶을 긍정적인 눈으로 바라보며 적극적인 이민자의 삶을 살아야 할 것이다. 과거의 한국에서의 삶이든, 현재의 미국에서의 삶이든, 혹은 미래에 대면해야 할 알 수 없는 곳에서의 삶이든, 자신의 삶 자체가 주는 희노애락에 감사하며 열매를 맺는 풍성한 삶으로 가꾸어 가야 한다는 것을 의미한다.

나 또한 나도 모르게 일상 속에서 한국과 연계해서 생각했던 부분이 많았던 것 같다. 이민자로서의 나의 삶의 그림에는 한국에서의 시간이 바탕색으로 칠해져 있었다. 가끔씩 한국에서 자주 갔던 프랜차이즈 레스토랑에 가면 고향에 온 듯한 편안함을 느낀다. 급속히 변하는 도시 환경과 사회적 변화 속에서 고향을 상실해 가는 요즘, 현대인들에게 세계적인 브랜드의 패밀리 레스토랑이나 커피숍들이 오히려 익숙한 고향의 역할을 할 수도 있다는 생각이 든다. 특별히 사랑하는 사람과 함께라면 더더욱 말이다.

교포 1.5세는 한인 이민 사회의 자산

미국에서 청소년기에 수학 기회를 얻은 한인 1.5세나 미국에서 태어나고 자란 한인 2세, 3세들은 보다 자유로운 사고방식과 고급스러운 영어 능력, 그리고 부모 세대가 닦아 놓은 기반으로 적극적으로 미국 주류 사회에 진입하고자 노력하고 있다. 1.5세의 경우 한국의 문화와 미국의 법, 의료 제도, 교육 환경 및 사회 문화를 동시에 이해하고 있다. 부모에 대한 효 사상이나 가부장제에도 익숙하여 부모에 대한 연민과 지나친 책임감을 갖고 있는 것도 볼 수 있다. 영어로 자유롭게 의사소통하지 못하는 부모님에 대해 부담감을 느끼고, 특히 부모 세대가 연로해 감에 따라 미국 종합병원 방문이나 여러 행정 처리 등을 해야 할 때 통역의 역할을 하기도 한다. 초등학교나 중·고등학교 사춘기 시절에 이민 온 경우 문화 충격과 함께 학교생활에 적응하는 과정에서 절박함과 어려움을 느끼기도 한다. 학창 시절에 모든 것을 본인이 알아서 해야 하는 외로운 기억이 있거나, 대학 입학 때 정보를 얻거나 졸업 학점을 계산하는 등의 복잡한 과정을 홀로 감당해야만 했던 경우도 종종 있다.

1.5세는 이민 오기 전의 한국에서의 삶과 부모님의 한국 지향적 성향을 배경으로 갖고 있는 동시에, 미국의 자유롭고 독립적인 문화에도 익숙하다. 자신의 의사를 자신있게 표현할 줄 알고, 불필요한 단체 생활과 각종 모임보다는 개인과 가족의 행복을 우선시한다.

또한 1.5세는 한국과 미국을 잇고, 1세와 2세를 잇는 중요한 다리 역할을 한다. 한국에 대해 어린 시절의 아련한 그리움과 사랑, 추억을 갖고 있으며, 부모에 대해 죄송스런 마음을 느끼면서도 1세대의 부조리에는 분노하기도 한다. 학업 자체의 수준이 높은 고등학생 이후에 미국에 온 경우 언어의 장벽으로 인해 학습에 있어서 일정 부분 공백이 생기기도 한다. 자신들은 영어도 한국어도 모두 잘하지 못한다고 말하거나, 전문직을 갖고 가정을 이룬 후에도 종종 1세대들에게 어린애 취급을 받을 때가 있다고 심각하게 말하는 것을 보았다. 1.5세들은 자신들의 독특한 소중함을 잘 느끼지 못하는 것 같다는 생각이 든다. 한국과 한인 이민 사회에서 1.5세는 매우 소중한 자산이며, 1.5세의 저력은 이민 사회에서 가장 강력하다고 할 수 있다. 향후에 보다 많은 1.5세들이 한국 사회와 미국 사회에서 영향력을 미치게 될 것이라 믿는다. 1.5세들 역시 미국 거주 기간이 길어질수록 정착도가 높아지고, 보다 안정기에 접어드는 동시에, 연령은 어릴수록 보다 쉽게 적응한다고 할 수 있다. 아마도 연령이 중요한 것은 언어의 장벽을 뛰어넘는 것이 이민 생활의 가장 중요한 관문이기 때문일 것이다.

새로운 세대인 이민 2세와 3세

이민 2세를 명확히 규정하기는 쉽지 않다. 일반적으로는 미국에서 태어난 경우를 2세라고 부른다. 부모님도 미국에서 태어났다면 이민 3세가 되는 것이다. 최근 코로나로 인해 캘리포니아에도 이동 제재가 실시되면서 두 달여 동안 집에만 머물며 우연히 '김씨네 편의점'이라는 시트콤을 보았다. 캐나다로 이민 간 한인 교포 가족이 김씨네 편의점을 운영하면서 이루어지는 일상을 그리고 있다. 주인공 김씨 아저씨와 아주머니는 이민 1세로 한인 교회에 뿌리를 두고 20여 년 동안 단 2번 가게 문을 닫았을 정도로 성실한 사람들이었다. 하지만 이웃 사람들에 대해 조금은 경계하고 냉소적인 모습을 보이기도 하고, 자신들의 묘지와 영정 사진 준비를 하며 아무렇지 않게 서로 웃으며 이야기하는 장면에서는 삶의 장소에 대한 시크한 감정을 보여 주는 듯했다. 고국을 떠나 머물고 있는 이주지는 잠시 머물다 가는 곳일 뿐이라는 뜻일까? 반대로 자녀 세대들은 캐나다의 다양한 인종의 친구들과 어울리며 대학 공부를 하고 직장 생활을 하며 미래를 준비하고 새로운 보금자리를 꿈꾸며 살아가고 있었다.

미국에서 소수민족인 한인 2세들은 영어를 모국어로 하고, 한국과는 다른 화장 스타일이나 헤어스타일, 패션 등 설명하기 어려운 어떤 이미지가 있다. 특유의 젠틀함, 친절함, 적극적인 모습, 긍정적인 미소 등이 우선 떠오른다. 일상생활에서 조립하고 만드는 제품이 많아서인지 남녀 모두 그런 것들을 잘 다루고, 캘리포니아의 뜨거운 태양볕에서도 중·고등학생들이 체육복을 입고 동네를 뛰는 수업이 많은데, 그래서인지 나중에 아기 엄마가 되어서도 레깅스를 입고 유모차를 밀며 달리는 모습을 많이 볼 수 있다.

뭐랄까? 내가 주로 마주한 한인 2세들은 LA 근교와 오렌지카운티가 대부분이지만, 2세들은 더 넓은 삶의 장소와 조화를 이루고 다양한 인종들과 어울리며 자신들만의 자유로우면서 책임감 있는 아름다운 모습들을 보여 주었다.

한인 2세들은 유리 천장(보이지 않는 벽, 인종차별 등)에 부딪쳐 상처 입을 지언정 보다 적극적으로 미국 주류 사회에 진입하기 위해 끊임없이 날갯짓을 하고 있다. 최초의 한인 하원의원인 김창준(연방 하원 3선 의원), '여성'과 '유색인종'이라는 제약을 뛰어넘고 하원의원이 되어 젊은 한인 2세들의 롤모델이 된 그레이스 맹[1], 2018년 하원의원이 된 '이민자의 아들' 앤디 김[2], 최근 한국계 최초로 NASA 우주 비행사가 된 조니 김 등을 예로 들 수 있다. 조니 김은 기자와의 인터뷰에서 "한국계 이민 2세로 정체성에 혼란을 겪던 어린 시절 덕분에 우주 비행사를 꿈꾸게 되었다"고 밝힌 바 있다.[3] 일일이 이름을 언급할 수는 없지만 많은 법조인들과 의료인들, 교육자들과 다양한 전문직 종사자들 등 수없이 많은 1.5세, 2세, 3세들이 미국 사회에서 영향력을 발휘하고 있다. 물론 한인들만을 대상으로 하는 것을 넘어 주류 사회로 더욱 더 뻗어가야 하는 것은 한인 사회에 맡겨진 과제일 것이다.

다른 이야기이지만 2세들 역시 1.5세들과 마찬가지로 한인들의 부조리나 편법 혹은 법을 지키지 않는 부분들에 대해 매우 부정적인 시각을 갖고 있다. 뉴욕에서 한인 풀뿌리 운동을 진행하고 있는 NGO 대표의 강연을 들은 적이 있다. 많은 2세들이 정부 기관에서 일하게 되면서 한인 소상공인이

---

1) 뉴욕일보 2013년 1월 1일자 기사
2) 조선일보 2018년 11월 15일자 기사
3) 중앙일보 2020년 1월 16일 기사

문을 닫게 되거나 불이익을 당하게 될 때 좀 도와달라고 부탁한 적이 많은데 그때마다 매우 차갑게 거절 받았다고 한다. 예를 들면 네일샵이 위생상의 문제로 지적을 받거나 규정 위반 등으로 문을 닫게 될 때 한인 이민자의 안타까운 상황을 이해해 주고 도움을 주길 요청해 보지만, 2세들은 한민족이라는 정서적 접근이 아닌 법을 어기면 안된다는 원칙을 더 강조하고 있기 때문에 세대 간의 단절을 느꼈다고 한다. 이와는 다른 측면에서 동부 워싱턴이나 서부 LA 등의 대도시에서는 2세들에 의해 북한인권법과 탈북고아입양법 등의 추진 운동이 벌어지고 있고, 인권 변호사나 NGO 대표 등 2세들에 의해 대북 인권 활동이 활발하게 진행되고 있다. 즉 자신들의 가치관과 맞는 일이라면 1세들과 더불어 의미 있는 활동을 활발히 펼쳐 나가고 있다. 결국 1세들은 2세들 앞에서 더 철저히 미국의 법을 준수하고, 감정적이 아니라 합리적으로 사고하며, 한국을 대표하는 민간 외교관처럼 책임감 있게 행동해야 하는 보이지 않는 의무를 지고 있는 것이다.

소중한 한국어

1.5세, 2세들은 분명 1세 부모의 가치관과 교육관에 상당한 영향을 받는다고 할 수 있다. 이민 초기 영어 실력이 빨리 늘기를 원하는 마음에 자녀에게 영어만을 사용하도록 강조한 경우가 있었다. 한국어를 잃어버린 2세들 가운데 그것이 너무 안타까워 자녀들에게는 꼭 한국어를 가르치고 싶어하는 경우가 적지 않다. 그래서 일부러 한국어권 데이케어daycare나 유치원에 등록하는 경우도 종종 있다.

한국어를 계속 구사한다는 것은 단지 개인의 언어적 능력이 뛰어나서라기보다는 그 사회가 기대하고 인정하는 만큼 그 수준에 제한되는 경향도 있는 것 같다. 남미에서 자라나는 한인 2세들의 한국어 능력이 거의 완벽한 것을 종종 볼 수 있는데, 남미에서 한국어를 잘한다는 것은 경제적으로 보다 우월한 한국인으로서의 자긍심을 나타낸다고 볼 수 있다. 또한 한국인으로서의 정체성을 강하게 인식하고 있음을 반증하는 것이기도 하다. 반면 미국 2세들의 경우 한국보다 경제적으로 우위에 있는 미국 사회에서 보다 적극적으로 적응하고 주류 사회에 진입하기 위해 백인Caucasian American 아나운서처럼 영어를 잘하기 위해 노력한다. 다양한 국적의 이민자 자녀들 중 자신들의 타운 안에서만 사는 경우, 발음이나 어휘면에서 미국 사람에 비해 많이 뒤쳐지는 경우도 적지 않다. 이것은 각 민족 커뮤니티가 커지면서 나타나는 한계점일 것이다.

한인 2세들의 경우에도 한국어를 배워 가면서 장벽에 부딪칠 때 상대적으로 쉽게 포기하게 되는 것 같다. 특히 학업을 어려워할 때 한국어를 포기하고 공부에만 집중하도록 자녀를 이끌기도 한다. 물론 이중 언어를 사용한다는 것은 미국 사회에서도 매우 가치 있는 일이고, 취업 시장에서도 장점으로 작용하는 것은 사실이지만, 한국어를 잘한다는 것에 대한 심리적 보상은 남미나 동남아시아 등의 한인 2세들에 비하면 크지 않다고 할 수 있다. 그럼에도 불구하고 재미 교포 한인 사회는 2세들의 한국어 교육을 위해 한국 정부와 긴밀히 연계하면서 다각적인 노력을 기울이고 있다. 2세들 중에는 대학생이 되어서 한국의 대학에 교환학생으로 유학을 가기도 하고 한국에서 직장을 잡기도 한다. 부모님의 나라에서 나의 조국, 나의 뿌리로 다시 재설정되어 가는 것이다. 이것은 부모 세대, 친인척, 1세들의 영향과 한국에서 유학 온 유학생 친구들과의 만남, 수없이 많은 한국 비지니스들, K-pop 등 한류 미디어를 통한 간접 경험, 그리고 모국에 대한 본능적 지향 등을 통해 자연스럽게 형성된다고 할 수 있다.

장소라는 그릇 안에서 이루어지는 삶

모든 인생은 수없이 많은 이야기를 만들어 내지만 슬프고 안타까운 이야기도 많다. 마약에 중독되거나 심각한 부부싸움의 희생자가 되는 경우도 있다. 기회만 있으면 아버지를 찌르겠다고 어머니가 침대 밑에 숨겨 놓은 칼을 꺼내 버리는 것이 일과가 된 청소년도 있고, 갱단에 들어가 친구가 총에 맞아 죽는 것을 목격한 경우도 있다. 어두운 이야기는 1세에게도, 1.5세나 2세에게도, 또 어느 곳에 살든 누구에게나 일어날 수 있는 일이겠지만, 그러한 아픔은 교포 사회도 다르지 않다는 것을, 그래서 사람 사는 곳은 결국 어느 곳이나 비슷하다고 이야기하고 싶다.

앞서 잠시 언급한 한국계 영화배우 산드라 오는 그녀가 출연한 '킬링 이브'라는 작품에서 이브가 육체적, 정신적 상처를 치유하기 위한 공간으로 한인 타운을 선택했다. 킬링 이브의 작가는 공장에서 일하는 모습을 제안했지만 산드라 오는 이브가 평온함을 느낄 수 있는 '어릴 때 먹었던 음식과 모국어가 있는 공간'을 제안했다고 한다. 한인 타운에 대해서 차분함과 익명성이 전제된 곳, 자기 자신을 통제할 수 있는 곳으로 보았고, 그 안에는 만두와 신라면, 한국어 수다 등이 존재한다. 얼마전 동네에 교촌치킨이 입점했는데 묘한 기분이 들었다. 뚜레주르나 파리바게트가 들어왔을 때처럼 내가 한국에 있을 때 즐겨 먹고 종종 찾던 가게들이 이곳 오렌지카운티에 들어올 때면 나는 평온함과 그리움, 그리고 추억의 밀물을 경험한다. 삶은 장소라는 그릇 안에서 이루어진다. 그리고 어쩌면 위로를 받을 수 있는 따뜻한 장소는 우리에게 그리 많지 않을 수 있다. 그저 스쳐가는 수없이 많은 차가운 공간 속에 우리의 아지트는 소수일지 모른다. 하지만 그런 소중한 장소가 우리에게 신선한 바람이 되어 편안한 쉼을 선물해 주고 내일을 꿈꿀 힘을 준다. 이민자에게는 모국의 향기가 밴 곳이 아지트가 되거나 아예 글로벌 브랜드가 고향이 되기도 하는 것 같다. 생애 주기에 따라 겪어야 할 삶의 경험과 함께 이민 1세, 1.5세, 2세로서 통과해야 할 시간들 또한 함께 격려하고 응원하며 헤쳐나가길 바래 본다.

레비나스Emmanuel Levinas는 타인을 대신해서 고통 받을 수 있다는 것이 진정한 주체성이라 했는데, 그것은 타인의 얼굴에서 긍휼함을 발견하고 관용하며 그 자리에 서 보는 것을 의미한다. 교포 사회에서 세대차이는 분명 넘기 어려운 벽이지만, 누구나 한 번 태어나고 삶을 영위하다 마감하는 그 여정은 같기에, 서로가 서로를 사랑의 눈으로 바라보면서 생각이 다름을 이해하는 것이 출발점이 되리라 믿는다.

이민 1세와 1.5세, 2세들, 코리안 디아스포라, 그리고 대한민국 국민들까지 서로를 타인으로 인정하는 동시에 그들이 인생 행로에서 각자 짊어진 짐들의 무게를 공감하는 것만으로도 좀 더 따스한 한인 공동체가 되어갈 것이라 믿는다.

3. 토포필리아, 토포포비아, 트로포필리아

토포필리아topophilia(장소애)란 지형을 의미하는 토포topo와 사랑을 의미하는 필리아philia의 합성어로, 인간이 특정 장소를 대상으로 보여 주는 교감, 존중, 감사, 관심뿐 아니라 가족과 고향에 대한 애착, 익숙함 등을 말한다. 즉 한 존재가 느끼는 사람과 장소 혹은 배경에 대한 정서적 유대감이라고 할 수 있다. 캐나다 토론토대학의 이푸 투안(1974) 교수는 처음 토포필리아라는 개념을 설명하면서 감상, 접촉, 애착, 태도, 신성함, 이상, 삶의 양식, 환경, 이미지, 상징, 이상향 등의 주제를 정하고 여러 사례 지역을 통해 설명했다. 토포필리아라는 개념은 건축학이나 다양한 예술 분야에서도 중요한 화두가 되고 있다.

반대 개념으로 토포포비아topophobia는 토포topo와 두려움을 뜻하는 포비아phobia의 합성어로, 장소 공포감을 말한다. 토포필리아가 사랑, 애정, 연민 등을 의미한다면, 토포포비아는 공포, 거부, 혐오 등을 의미한다. 어떤 사람은 개를 무서워하고, 또 어떤 사람은 높은 곳을 무서워하며, 때로는 폐쇄 공간이나 광장을 두려워하는 사람도 있다. 누구나 그러한 포비아를 가지고 있을 수 있는데, 투안은 장소에 대해서도 포비아를 가질 수 있다고 본 것이다. 특별히 이민 초기 재미 교포들에게 미국은 낯선 눈빛과 낯선 언어, 낯선 공기 등으로 인해 두려움으로 다가왔을 수 있다. 앞을 모르는 막막함과 단절감, 외로움 등을 이민 초기에 경험하는 토포포비아라고 할 수 있다. 하지만 미국에서 살아 온 시간이 길어질수록 어느새 한 존재를 따뜻하게 품어 주는 대지가 되어 주리라 기대할 수 있다.

이민과 여행은 정말 다르다. 오히려 여행은 낯설음이 클수록 더 큰 만족감을 줄 수 있다. 일상을 보내는 삶의 장소와 다를수록, 혹은 더 멀리 떨어진 곳일수록 매력적일 수 있는데, 그것은 돌아갈 익숙한 나의 집이 있기 때문이다. 하지만 이민은 이전의 삶과 일상의 장소들과의 단절을 전제로 하기 때문에 초기의 낯설음이 포비아가 될 수 있다. 한국 사회에서 남성이 베트남 신부와 결혼하는 경우가 증가했을 때, 초기에 적응하지 못하고 아파트 베란다에서 눈물만 흘리는 신부를 결국 고국으로 돌려보내는 경우를 보았다. 베트남 여자가 한국에 여행 왔다면 분명 한국에 대한 기대와 설레임으로 주변의 모든 것들을 사랑의 눈으로 바라볼 수 있었을 것이고, 오히려 여행이 끝나가는 것을 아쉬워했을텐데 말이다.

록다운된 에머리 공원의 놀이터

이민 초기에는 너무 먼 미래의 일까지 걱정하지 말아야 한다. 그리고 고국에 두고 온 가족들에 대한 염려도 내려놓아야 한다. 그저 그날그날 주어지는 하루의 시작과 끝에서 감사함을 느끼고 다음날을 준비하는 단순함이 적응에 가장 좋은 출발점 같다. 새로운 만남을 기대하고, 홀로 있을 때에는 외로움을 받아들이는 훈련도 필요하다.

요즘 같은 이동 제재의 시기에는 특히 하루의 소중함을 되새기고, 미래에 대한 염려는 잠시 접어 두는 것이 좋을 것 같다. 한국도 제재가 강화되어 이런 답답함 속에서 잃어버린 소소한 일상에 대한 그리움을 많이 느낄 것 같다.

팬데믹 같은 상황도 마찬가지지만 노인이 되어 가면서도 일상을 조금씩 잃어버리는 날들을 대면해야 한다. 이가 빠져 아무 음식이나 마음껏 먹지 못하게 되고, 시력도 약해지며, 머리에 하얀 서리가 내리는 만큼 머릿결 또한 윤기 없이 뻣뻣해져 가는 것을 보아야 한다. 물론 의학의 발전으로 이전보다 훨씬 편리하고 건강하게 살 수 있지만 그저 인간이 노쇠해 가는 것을 말하고 싶었다. 고고한 사슴, 하늘을 나는 새들과 같이 동물은 늙어서도 아름다운 모습을 간직하는데 인간만이 그토록 아름다웠던 모습을 잃어버린다고 생떽쥐페리의 글에서 본 적이 있다. 살아가면서 우리의 힘으로는 어쩔 수 없는 경험을 많이 하게 된다. 그리고 동시대를 살아가는 사람들이라면 누구나 경험하고 또 함께 뚫고 가야만 하는 것이라 생각한다. 우리는 언제나 혼자가 아니라 함께 걸어간다는 것을 잊지 말아야 한다.

현대 사회의 역동성, 변화, 불안정성의 증가로 인해 토포필리아라는 고전적 개념은 이동에 대한 사랑과 인간과 장소의 관계에서의 변화와 변형이라는 개념의 도입이 필요하게 되었다. 앤더슨Anderson과 어스킨Erskine(2014)

은 변화를 뜻하는 트로포tropo와 사랑을 뜻하는 필리아philia를 합하여 트로포필리아tropophilia, 즉 유목애라는 새로운 용어를 제시했다. 이주에 의해 부여되는 긍정적일 수도 있고 부정적일 수도 있는 새로운 정체성과, 능동적 차원에서 '움직이는 토포필리아'를 형성하는 것을 말한다. 동전의 양면과 같이 이주자가 장소에 의해 영향을 받고 다시 장소에 영향을 주는 것을 뜻한다. 유목적인 존재로서의 인간이 부여하는 장소의 의미와 새롭게 만들어 가는 변화하는 정체성, 그리고 이동하는 존재가 장소에 대해 느끼는 트로포필리아는 서로 깊게 연계되어 있다. 그것은 인도에서 하인을 부리며 살던 최상위의 브라만 계급 이주자이든 인도에서 하루 일당을 받아 힘겹게 살던 막노동꾼이든 미국에 온 이주자로서 평등하게 마주하는 현실이다. 미국에서는 한국 사람, 북한 사람, 조선족 등에 대한 차이가 한국보다 훨씬 줄어든다는 사실이 피부에 보다 더 와닿을 수 있다. 코로나 바이러스가 빈부귀천의 차별 없이 누구에게나 다가와서 일상을 빼앗고 건강을 위협한다는 것과 비슷한 맥락일까? 이주지는 모든 첫발을 내딛는 이주민들에게 평등하게 다가오는 것이다. 물론 각자 처한 상황과 위치는 다르겠지만 누구나 출발선에 다시 서게 된다.

이와 같이 현대를 살아가는 우리 모두는 토포필리아와 토포포비아, 트로포필리아를 마음속에 품고 있고, 익숙한 삶의 장소를 떠난 이주자들에게 그것은 더 강렬하게 다가오는 것이라 할 수 있다.

재미 교포는 1차적으로 본인이나 부모가 고국을 떠나온 경험을 가지고 있는 사회 집단이다. 태어나서 자란 익숙한 장소를 떠나 인종과 언어, 문화가 다른 나라로 이동하며 문화 충격을 받게 되고 동시에 고국에 대한 그리움도 경험하게 된다. 시간이 흘러 다시 고국을 방문할 때에도 변화된 사회 앞에서 또다시 문화 충격을 받고 고향임에도 불구하고 낯선 이방인이 된 느낌을 갖게 된다.

재미 교포의 정체성은 모국인 한국 사회와 현재 거주지인 재미 교포 사회, 미국 사회와 연계해서 내린 가치 판단을 바탕으로 형성된다. 재미 교포의 미국에서의 거주 기간에 따라 내집단(재미 교포 집단)에 대한 고정관념이 변화할 것이라고 예상했고, 그것을 밝히기 위해 설문조사를 실시했다. 재미 교포 182명을 대상으로 '순수하다', '부럽다', '세련되다', '촌스럽다', '불쌍하다'라는 고정관념이 담긴 5가지 단어를 제시한 후 그에 해당된다고 생각하는 사람을 미국 사람, 재미 교포, 한국 사람, 북한 사람의 네 집

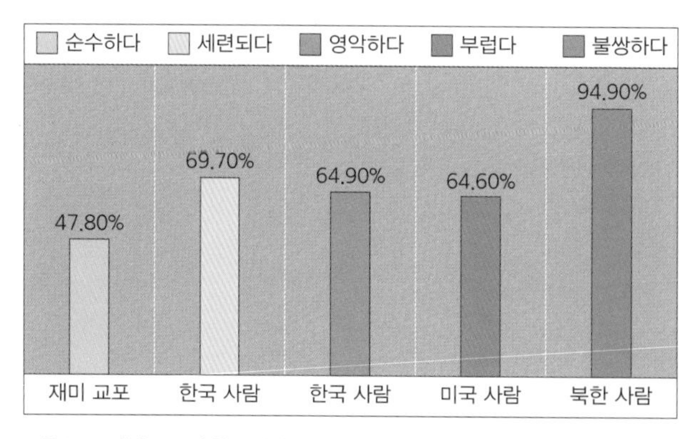

그림 3-1 재미 교포의 한국 사람, 미국 사람, 북한 사람, 내집단에 대한 고정관념

단 중에서 선택하게 했다. 그 결과 재미 교포는 한국 사람에 대해 '세련되다(69.70%)'와 '영악하다(64.90%)'라는 고정관념을 갖고 있는 것으로 나타났다.

재미 교포가 현재 모국인을 접하는 것은 대부분 TV 드라마, 쇼, 뉴스와 같은 미디어가 제시하는 모습을 통한 것으로 간접적, 수동적으로 수용한 결과라 할 수 있다. 한국은 한류로 대표되는 화려하고 환상적인 곳인 동시에, 뉴스에서 보여지는 각종 범죄, 탈선, 북한의 도발, 미세먼지 등을 통해 염려의 공간이 되기도 한다. 뉴욕타임즈의 재미 교포 출신 국장인 Kim(2012)이 지적한 것과 같이 어떤 특정 사회에 소속되지 않은 외부자가 미디어를 통해 수용하는 제한된 정보로는 그 사회 공간에 대한 실제적 판단을 내리기 어렵다. 한국에서 뉴스를 통해 바라보는 미국은 총기 사고와 인종차별, 지진과 허리케인의 나라로 비춰질 수 있다. 재미 교포에게 한국은 부모와 형제, 조부모, 혹은 어린 시절의 친구가 살고 있어서 현재에도 지속적으로 연결된 곳이면서 동시에 미국에서 거주한 기간만큼 멀어졌기에 계속해서 새로운 마음으로 배워 나가야 하는 곳이기도 하다.

여기서 '영악하다'는 고정관념은 재미있는 결과를 보여 주었다. 이민 초기 즉 미국 거주 기간이 5년 미만인 재미 교포들은 자신들이 포함된 내집단에 대해 90% 이상의 응답자가 '영악하다'고 답했다. 이후 점차 거주 기간이 증가함에 따라 미국 생활에 적응하고 친한 친구들도 생기면서 내집단인 재미 교포를 보다 순수하게 느끼게 된다. 거주 기간과 상관 없이 살펴보았을 때 재미 교포들이 '영악하다'라는 형용사를 한국 사람과 연계해서 떠올린 것을 감안하면 이민 초기에 재미 교포를 영악하다고 인식하는 것은 객관적인 평가라기보다는 낯설음과 이질감 등에서 오는 단기적이고 주관적인 인식의 결과라 할 수 있다. 그리고 이민 온지 10년 이상이 되면 응답자

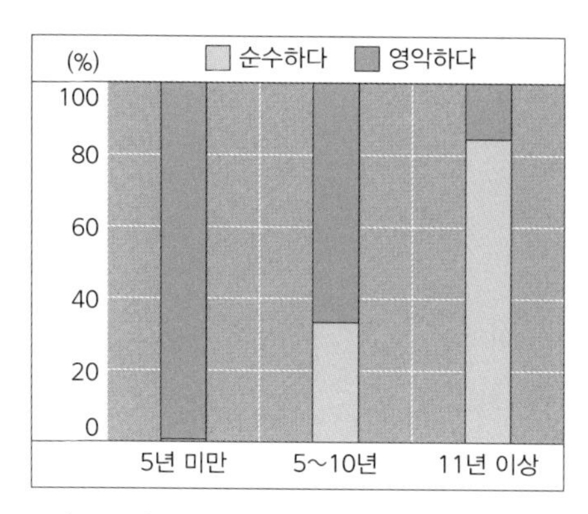

그림 3-2 미국 거주 기간에 따른 내집단(재미 교포)에 대한 이미지 변화

의 84.61%가 재미 교포를 순수하다고 인식하고 있다. 결국 잘 알지 못하는 어떠한 집단에 대한 인식은 종종 선입견과 고정관념으로 인해 잘못 규정되기 쉽다는 것을 알 수 있다. 그렇기에 세계화 시대를 살아가는 세계인으로서 내가 살아가는 장소뿐 아니라 간접적으로 알게 되는 더 많은 사회 공간에 대해서도 쉽게 비난하는 것을 지양하고 더 열린 마음을 가져야 할 것이다. 그림 3-2는 거주 기간에 따른 재미 교포에 대한 이미지 변화를 보여 주고 있다.

은사이신 류우익 선생님께 예전에 '노숙자를 연구하다가 정말 노숙자가 된 사람이 있다'는 이야기를 들은 적이 있다. 나는 가끔 '나 역시 재미 교포에 대해 연구하다 재미 교포가 된 걸까?' 하는 생각이 들었다. 박사 논문을 쓰는 과정에서 적지 않은 혼란이 온 적도 있었다. 아마도 쉽게 단정했을 것도 다시 생각해 보고 더 깊이 이해하고 애정 어린 눈으로 보고 싶은 욕심이 들었다. 한국에 살 때 처음 논문이 시작되었고, 논문이 끝나갈 무렵에는 이민 온지 4년 정도 되었을 때였다. 이 글을 쓰고 있는 지금은 미국에 온지 11

년이 넘어간다. 그 세월 동안 산천이 변한 것만큼 재미 교포에 대한 나의 생각도 변했다. 그동안 살아오면서 혹시 나 또한 자신도 모르는 사이에 누군가에게 이중 잣대를 들이댄 적은 없는지 반성도 했다.

재미 교포들은 미국에서 거주하면서 겪게 되는 언어의 장벽과 문화 차이, 소수자로서의 배제와 차별 경험, 법적인 신분 문제, 경제적 어려움 등의 반작용으로 미국 사람들 혹은 미국에서 자리 잡은 2세, 3세들을 부러워하기도 한다. 조사 결과에서 '부럽다'라는 단어를 보고 64.60%가 미국 사람을 떠올렸다. 이는 주류 사회에 대한 동경의 시선을 반영하고 있다.

어떤 사람들은 해외에 살고 있는 한민족을 향해 모래알 같다고 말하기도 한다. 아마도 개개인은 너무나 똑똑하지만 잘 뭉치지 못하는 모습을 비꼬는 말일 것이다. 하지만 나는 한민족은 별과 같다고 말하고 싶다. 아주대학교 김경일 교수의 우리나라에만 있는 '우리'라는 의식에 대한 재미있는 강연을 들은 적이 있다. 자기 소개서에 유일하게 자기 얘기가 아닌 부모님과 형제, 가족 이야기, 친구와 은사에 대한 이야기가 주를 이루는 나라가 바로 우리나라라고 한다. 그런 '우리' 속에는 가족, 친척, 혈연, 지연, 학연이 거미줄처럼 얽혀 있다. 이민자라는 삶이 힘든 것은 '우리'라는 쿠션이 사라져 버리기 때문인 것 같다. 미국의 개인주의, 합리주의에 익숙한 교포 사회에서 처음에는 차가움을 느끼고 움츠러들기도 한다. 한민족이라는 거대 담론은 있지만 각자 이민 사회의 법과 제도에 적응해 나가야 하는 어려움과 함께 문화 차이 그리고 혈연 관계에서 빠져나와 홀로 서야 하는 시간을 견뎌야 한다. 그런 이유 때문에 이민 사회에서는 매우 가깝게 느껴졌다가도 어느새 다시 돌아보지 않는 관계가 되는 경우가 적지 않다. 그렇게 이민 사회에서는 비록 '우리'라는 안전망이 사라진 것은 사실이지만, 나는 한국 사람은 저마다의 자리에서 별처럼 빛나고 있고, 서로에게 빛을 비춰 주고 있다고 믿는다. 비록 혈연이나 지연 관계가 아니지만, 그래서 도움을 주거나 받으려고 내민 나의 손을 부끄럽게 하거나 아프게 할 수도 있지만, 각자의 위치에서 최선을 다해 살아가고 있다고, 별처럼 보이는 것보다 조금은 서로 멀리 떨어져 빛나고 있다고 말하고 싶다.

이민 초기 장소 심리적 시차 증후군

재미 교포의 정체성을 살펴보며 나는 '장소 심리적 시차 증후군place-based psychological jet lag'이라는 새로운 용어를 생각하게 되었다. 비행기를 타고 해외에 나가게 되면 시차 때문에 잠을 설치기도 하고, 몸이 찌뿌둥한 경험을 한 적이 있을 것이다. 그런데 이민 생활을 하다 보면 마음속에도 그런 시차가 존재한다는 것을 느낄 수 있다. 특별히 장소의 이동에 따라 생기는 마음속의 시차가 있다. 의료심리학에서는 직장인들이 주말에 피곤함과 무기력증을 느끼는 현상을 신체 리듬과 외부 환경의 불일치 때문이라고 보았는데, 이것을 사회적 시차 증후군social jet lag이라 부른다. 이와 유사하게 장소 심리적 시차 증후군이란 이주를 통해 몸은 새로운 장소에 있지만 내면의 기억과 사고방식, 익숙함과 애착은 기존의 장소에 머물러 있음에 따라 외적 존재라 할 수 있는 물리적 신체와 내적 존재인 장소 심리 간에 간격이 생기는 것을 말한다. 이런 시차로 인해 이민자들은 부적응과 외로움, 향수 등을 느끼게 되는 것이다. 이러한 존재로서 이민자가 경험하는 장소 심리적 시차는 새로운 문화를 접한 후 경험하게 되는 문화 충격과는 별개로 이민 초기에 나타나는 고립감과 모국에 대한 무의식적이며 간절한 지향이라고 할 수 있다.

이민 초기는 심리적 상실감과 모국에 대한 그리움 그리고 이민국에 대한 토포포비아가 가장 큰 시기라 할 수 있다. 재미 교포의 경우 토포포비아는 제일 먼저 마주하게 되는 재미 교포 사회에 대한 포비아로 나타난다. 이민 초기 정착에 필요한 물품을 구입할 때 몰라서 사기를 당하기도 하고, 낯설음으로 인해 위축되어 먼저 이민 온 가족에게 의존적이 되거나 서운함, 원망 등의 부정적 감정을 느끼기도 한다. 이러한 감정은 다음의 인터뷰를 통해서도 확인할 수 있다.

> 이민 초기 아무것도 모를 때 재미 교포에게 고장 난 자동차를 속아서 비싸게 산 적이 있는데, 그로 인해 고속도로에서 큰 사고가 날 뻔했다. 같은 한인이라 믿고 샀지만 나중에 오히려 한인끼리 사기를 치는 경우가 더 많다는 얘기를 들었다. (라 미라다 거주, 40대 남성, 교도관)

> 29세에 언니가 있는 미국에 이민을 왔다. 그때에는 아무것도 몰랐던 것 같다. 은행에 계좌를 만드는 데 언니가 나보고 혼자 가서 만들라고 한 것조차 섭섭하게 들렸었다. (세리토스 거주, 40대 여성, 회계 관련직)

> 남편이 혼자 가게에서 일하는 아주머니가 안돼 보인다며 야근수당까지 챙겨 주며 일하는 시간을 늘려 주었다. 당시에는 미국에서 사업한다는 것이 어떤 것인지를 몰랐다. 그 (한인) 아주머니가 나가면서 월급을 못받았다며 고소를 했다. 우리는 야근 수당에 사인을 받아 놓아야 한다는 것을 전혀 몰

랐다. 호의를 베풀었다고 생각했는데 고소를 당하고 나니 자다가도 벌떡 일어나 앉게 된다는 것이 무엇인지 이제 알게 됐다. 다른 사람들과 이야기를 해 보니 주지도 않은 야근수당을 주었다고 사인을 받아 놓는 사장들도 있다고 한다. 미국이라는 나라를 잘 몰라서 그런 것 같다.

(풀러턴 거주, 40대 여성, 개인 의류 사업)

운전 중에 뒷좌석에 앉아 있는 아이에게 잠깐 신경을 쓰느라 뒤돌아보다가 그만 앞차를 추돌했다. 3중 충돌이 됐고 다행히 앞에 있는 차는 한국 사람이었다. 개인 정보를 서로 주고받은 후 알았다며 갔다. 보험회사에서 모두 처리된 줄 알았는데 얼마 후에 DMV(교통관리국)에서 서류가 하나 날아왔다. 앞차의 차주가 나를 고소했다는 것이다. (나의) 보험회사에서 나오는 보험금이 적어서 비용을 모두 커버할 수 없기 때문에 직접 나를 고소한 것이다. 이런 경험이 다 이민세 같다. (브레아 거주, 40대 여성, 디자인 전공)

나는 이민 온 첫날을 잊지 못한다. 마치 외딴 섬에 떨어진 듯했다. 책상에 앉아 있으면 집 밖에는 과연 무엇이 있는지 상상할 수 없었다. 얼굴이 깨질 듯한 치통으로 인해 고생했지만 치과가 어디 있는지, 약국은 또 어디에 있는지 몰라 모든 것이 막막했다. 지금 와서 생각하면 감정이 지나쳤다는 생각도 들지만 그땐 한국의 모든 것이 그리워 아마 일주일 넘게 아침마다 눈물을 흘렸던 것 같다. 요즘도 힘들다는 것을 눈치채지 못하다가 문득 눈물이 흐를 때 비로소 내 마음의 힘겨움을 보게 된다. (풀러턴 거주, 30대 여성, 주부)

이렇게 이민 초기의 미국, 특별히 재미 교포 사회 공간에 대한 느낌은 먼저 내집단인 재미 교포에 대한 부정적 의식으로 표현된다. 미국에 대해 토포포비아를 느끼며, 반작용으로 한국에 대한 그리움은 커지는 시기라 할 수 있다. 새로운 사회에 첫발을 딛고 누군가를 알아 간다는 것, 그리고 누군가에게 마음을 연다는 것은 수없이 머뭇거리게 되는 일이다. 마음을 열수록 누군가 내 안에 들어와 날카롭게 헤집을 수 있다는 것을 나이를 더할수록 우리는 더 잘 알기 때문이다. 하지만 긴 인생길에서는 그러한 아픔을 감수하면서도 새로운 사람을 만나고, 알아 가고, 정을 쌓아 가는 것을 멈추지 않아야 한다. 특히 이민 생활에서 홀로 놓인 듯 위축될 때 사람에게 받는 상처는 작지 않다. 그럴수록 마음의 벽돌을 내려놓는 쉽지 않은 작업을 계속해야 한다. 날마다 마당의 잡초를 뽑듯, 거실의 먼지를 치우기 위해 청소기를 돌리듯, 계속해서 해 나가야 한다. 벽은 쌓을수록 높고 단단해지니까.

이민, 후회하지는 않나요?

이민 초기를 지나 어느 정도 미국 생활에 적응이 되어 가는 중간 단계의 시기는 사람마다 다르겠지만 대체로 이민 5~10년차 정도로 볼 수 있다. 시간이 어느 정도 흐름에 따라 이민 생활에 대한 익숙함과 친근함은 자기도 모르게 커 간다. 점차 적응해 가면서 이민국에서의 삶의 장소에 대한 토포필리아가 증가하게 되는 것이다. 이와 함께 현재의 삶이 과거 한국에서의 삶에 비해 개선되었다는 인식을 갖기 위해 회상 기억autobiography memory에 대한 재구성도 때때로 일어난다. 사회심리학에서 회상 기억의 재구성이란 현재 상황이 향상된 것을 기대할 때, 과거를 더 나쁘게 평가함으로서 향상되었다고 생각하는 일종의 주관적 평가를 말한다.[4] 이민자의 이주지에 대한 사랑은 적응 정도를 파악하는 데 적절한 잣대라고 할 수 있는데, 이러한 장소에 대한 사랑은 객관적이라기보다는 앞서 이야기한 것처럼 기억의 재구성과 의식적인 노력으로 이루어지는 측면이 있다.

또한 마음속에서 일어나는 갈등이나 번민 같은 인지 부조화를 해결하기 위해 자신의 인식을 의도적으로 바꾸는 심리가 반영되었다고도 할 수 있다. 인지 부조화란 우리가 옳다고 생각하는 것들과 현실이 맞지 않을 때 우리의 생각을 바꾸어 마음속에서 일어나는 갈등을 해결하고자 하는 노력을 말한다. 즉 과거에 자신이 살았던 모국에 대해 비판을 하거나, 자신이 계속 모국에 머물렀다면 생겼을 부정적 결과들을 생각함으로서 현재 상황이 향상되었다고 느끼는 것이다. 예를 들면 '한국 사회는 경쟁이 너무 치열해', '사람이 가득 찬 지하철과 교통 체증 등은 너무 힘들어', '한국은 공기가 너무 안 좋아', '한국의 가족, 친척 관계는 너무 복잡하고 힘들었어'라는 등의 부정적 평가를 통해 이민이라는 선택이 삶의 개선과 만족을 가져왔다는 주관적 평가를 내리기도 한다. 또한 반대로 미국의 합리적인 법 제도나 경관의 아름다움에 대한 만족의 증가, 좋은 이웃이나 마음에 맞는 친구를 만나게 되면서 이민국에 대한 토포필리아는 점차 커지게 된다.

> 한국에 가면 낯설다. 특히 백화점 같은 데 가면 점원들이 계속 따라오면서 물어 보는 것이 부담스럽다. (부에나 파크 거주, 30대 여성, 한의사)

---

4) Wilson & Ross, 2001.

한국에 나가서 친구들을 만나 보면 남들 하는 것은 다 해야 되고, 서로 경쟁하는 것을 많이 보았다. 그런 면을 보면 미국에 사는 게 좋다고 느낀다. 남들 눈치 보지 않아도 되고…. 남편도 아이들과 시간을 많이 보내 줘서 좋다.

(세리토스 거주, 40대 여성, 회계 관련직)

올해로 이민 온지 37년 된 시어머니께서 가끔 자녀들과 손주들이 영어를 잘하는 것을 보면 참 좋다고, 이민 잘 왔다고 말씀하시는 것을 듣는다. 그러면서도 한편으로는 '한국에 있었으면 병원 일이든 운전, 은행 일 등 무엇이든지 스스로 할 수 있었을 텐데'하며 아쉬워하는 모습을 보이기도 한다. 그런 것이 이민 생활 같다. 한국에서의 익숙한 삶에 대한 아쉬움과 떠나옴으로 인해 느끼게 되는 자유로움, 미국에서의 고단한 삶과 함께 소소한 선물 같은 시간이 모두 얽히고설켜 새로운 땅에 쌓여 가는 것 말이다.

나는 미국 사회를 정말 잘 알고 있는 걸까?

중간 단계를 지나면 미국 생활에 대한 재평가가 이루어지는 편의상 3번째 단계에 이르게 된다. 미국 생활에 적응이 이루어지는 안정기가 되면 오히려 이민 사회에서의 진입 장벽이나 인종차별을 보다 민감하게 체감하면서 이민국에 대해 한층 냉철한 시각을 갖게 된다. 모국에 대한 그리움은 커지지만 재입국 시 마주하게 될 역문화 충격에 대한 포비아도 함께 느끼는 양가 감정을 갖게 된다.

새로 단장한 LA 공항의 면세점과 포인세티아

한국과 미국의 중간에 있는 듯한 생각이 든다. 한국도 미국도 모두 그다지 살고 싶은 곳은 아니다. 붕 떠 있는 것 같고, 어디로 가야 할지 모르는 중간자 같다. (오렌지 거주, 30대 여성, 간호사)

이민 온지 10년이 훌쩍 넘었다. 먼데이 선데이, 먼데이 선데이 하다 보면 1년이다. 빌빌(Bill, Bill: 청구서)거리는 것이 미국 생활이라는 말이 있다. 벌이가 커지면 동시에 내야 할 돈도 함께 커진다. 아이들과의 언어 소통에도 문제가 있다. 일과 육아를 병행하는 것도 쉽지 않다.

(세리토스 거주, 40대 여성, 회계 관련직)

한국말이 서툴어서 한국에 가면 '한국 사람이 한국말도 못한다'는 비난을 많이 받았다. 그 말이 너무 듣기 싫어 어느 순간 어릴 때 미국에 입양되서 한국말을 못한다고 거짓말을 했더니 사람들이 다 너무 잘 대해 주었다. 한국을 좋아하지만 2세들이 한국어를 못하는 부분을 잘 이해해 주지 않는 것 같다. (LA 거주, 30대 남성, 회사원)

재미 교포로서 한국에 대한 자부심은 크지만 한국에 가면 낯설고 어색한 것이 사실이다. 오히려 중국이나 동남아시아에서는 외국인으로 대우해 주기 때문에 편하다. 한국에서는 무엇을 물어보면 바보 취급하는 것 같다. 한국을 좋아하지만 동시에 한국에서는 외롭고 이방인처럼 느껴진다. 내 조국인데 현실적으로는 잘 맞지 않는 것 같다. (LA ○○교회, 담임목사)

물론 적응이 잘 이루어진다면 모국에 대한 그리움과 이민국에 대한 토포필리아는 동시에 지속적으로 증가한다. 또한 이민국에서의 생활의 안정, 사회적 네트워크 확대, 문화 적응 및 가치관 수용 등을 통한 제2의 고향화가 진행된다고 할 수 있다.

출장을 다녀오거나 여행을 다녀올 때면 LAX(Los Angeles International Airport)에 도착하는 순간 마음이 편안해지고 집에 왔구나 하는 생각이 든다.

(풀러턴 거주, 40대 남성, 부동산업)

세계 어느 곳을 여행해 봐도 이곳 오렌지카운티처럼 날씨도 좋고 해변이 아름다운 곳은 드문 것 같다. (라 미라다 거주, 40대 여성, 의류 가게)

터널을 지나 이민 생활의 안정과 적응, 성숙의 시간

이민 생활에 적응이 거의 이루어졌다고 말하는 것은 인생의 여정이 계속되고 내일 일을 알지 못하는 삶이기에 조심스러운 이야기 같다. 일반적으로 거주 기간에 따라 차이가 있지만 경제적 안정과 사회적 관계도 중요하다. 미국에 비교적 잘 적응하여 사회적으로 여러 단체에 소속되어 있고, 경제적으로도 여유로운 사람들은 점차 미국을 제2의 고향으로 인식하게 된다. 이은숙 교수의 2004년 연구에 의하면 재미 한인에게 미국이 새로운 정착지이자 고향으로 전환되어 가는 요인은 자연환경의 아름다움, 사회 경제 제도의 장점, 미국 사회의 일원으로서의 소속감 등을 들고 있다. 반대로 인종차별이나 경제적 어려움, 신분 문제와 같은 부정적 요인으로 미국에 대한 토포포비아가 지속적으로 유지되는 사람들은 상대적으로 한국으로 귀향하고 싶어하는 마음이 강하다고 할 수 있다.

사회심리학자인 니츠벳Nisbett(2003)에 의하면 재미 교포는 다양한 사안을 인식할 때 한국 정체성과 미국 정체성을 각각 다르게 적용한다는 연구가 있다. 즉 미국 내 거주 기간에 따라 정체성의 차이를 보이는데 미국 내 거주 기간이 긴 경우(10년 이상) 미국과 동일시한다고 볼 수 있다. 미국 정체성을 적용한다는 것은 개인주의적이며 논리적 사고를 하고, 사물(단일 현상)에 주목하며 민족애가 낮고 무관심한 경향이 높다는 것을 의미한다. 미국 내 거주 기간이 짧은 경우(5년 이하) 한국과 동일시하며 사물보다는 전체적 배경에 집중하고, 민족애가 높으며, 보다 정적인 사고를 한다고 할 수 있다. 학위 논문을 마치며 이와 비슷한 결론을 내리게 되었는데, 단 민족애의 경우 거주 기간과 상관 없이 이민 1세에서 높게 나타나고, 1.5세나 2세들에게서는 민족애가 점차 희석되어 갔다. 이민 1세의 경우 거주 기간이 길어짐에 따라 오히려 민족애가 증가하고, 한국에 대한 그리움도 증가된다고 할 수 있다.

재미 교포의 이주에 따른 장소감의 변화

재미 교포가 미국 사회에 적응해 가는 과정에서 중요한 세 가지 특성을 정리해 보았다. 먼저 거주 기간이 길수록, 둘째 경제적 수준이 올라갈수록, 셋째 이민 올 때 동반한 가족이나 결혼을 통해 가족과 함께 살아갈 때, 이상 세 가지 요소이다. 이러한 사회적 특성이 서로 긍정적인 방향으로 상관관계를 나타내는 것을 확인할 수 있었다. 특히 결혼은 미국 적응 정도에 긍정

표 3-1 거주 기간과 경제적 수준, 결혼 여부의 상관관계

구분	결혼 여부	거주 기간
거주 기간	.314**	
경제적 수준	.229**	.261**

Spearman의 rho, **P<0.01 (양쪽)

적 영향을 미친다고 할 수 있다. 이민 사회에서는 비자 기간이 끝나서 불법 체류자가 된 경우 시민권자와 결혼해서 영주권을 받기도 하고, 배우자에게 영주권을 주기 위해 영주권자가 서둘러 시민권을 따는 경우도 볼 수 있다.

재미 교포가 한국을 얼마나 가깝게 느끼는지 확인하기 위하여 심리적 거리를 10개의 척도로 나누어, 가장 가깝게 느끼는 1부터 가장 멀게 느끼는 10까지 자유롭게 기재하게 했다. 그 결과 남성은 평균 4.47, 여성은 4.70으로 남성이 여성보다 미세하게 가깝게 느끼고 있었다. 이와 관련해서 이은숙과 신명섭(2000)의 고향 의식에 관한 연구를 살펴보면 미래에 고향으로 이주하기 원하는지에 대한 질문에서, 남성의 32.1%, 여성의 16.5%가 이주를 희망하는 것으로 나타났는데 그 결과와 유사하다. 즉 여성보다는 남성이 모국에 대해 보다 가깝게 느끼고 귀향 의사도 크다고 해석할 수 있다. 2007년에 탈북 주민들을 대상으로 고향 의식에 대한 연구를 진행했는데 '북한의 고향으로 절대 돌아가고 싶지 않다'는 비율이 남성은 5.44%였지만 여성은 19.14%로 나타나 이 역시 남성이 여성보다 고향애가 강하다는 것을 뒷받침하고 있다.

재미 교포들이 사회 공간에 대해 얼마나 자유롭게 느끼는지를 알고 싶어서 한국과 재미 교포 사회, 미국 사회, 북한 사회에 대해 개방적 혹은 폐쇄적으로 느끼는 정도를 조사했다. 한국 사회 공간, 재미 교포 사회 공간, 미

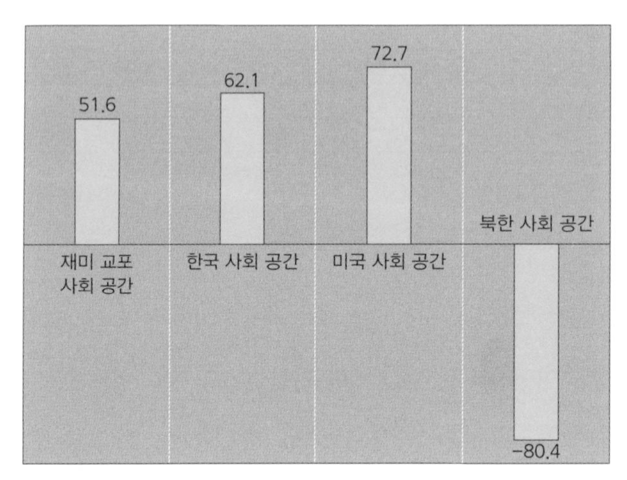

그림 3-3 공간의 개방성에 대한 인식 정도

국 사회 공간, 북한 사회 공간의 개방성과 폐쇄성에 대해 느끼는 정도를 각각 −100(완전 폐쇄적)부터 +100(완전 개방적)까지 자유롭게 기재하게 했다. 그 결과 미국 사회 공간 +72.7, 한국 사회 공간 +62.1, 재미 교포 사회 공간 +51.6, 북한 사회 공간 −80.4로 집계되었다.

미국 사회 공간이나 한국 사회 공간에 비해 재미 교포 사회 공간을 폐쇄적으로 인식하는 이유는 재미 교포 사회 공간에는 수많은 암묵적 경계선이 존재하기 때문이다. 코리아타운과 같이 한국어를 사용하는 한국인들의 커뮤니티는 한국인들에게 경제적, 사회 문화적 이익을 가져오는 둥지가 되는 동시에 '우리끼리'라는 제한된 시각을 갖게 한다. 한인 커뮤니티에서는 서로에게 한국 문화를 바탕으로 하는 효나 어른에 대한 예의범절 같은 일정한 테두리 안에서의 행동 양식을 기대하는 심리가 있고, 미국 사람들에게는 하나의 게토로서 비춰지기 때문에 상대적으로 더 좁게 여겨진다.

즉 한국인 밀집 지역은 한국인들이 미국 사회에 진입해 나가는 데 모체가 되는 동시에 안주하게 되는 울타리로 인식되어 상대적으로 덜 개방적이라는 인식 결과가 나온 것으로 보인다. 예를 들어 인디언 보호 구역에서는 인디언들에게 생활비를 제공하는 등 여러 가지 혜택을 준다. 하지만 그 구역을 벗어나면 모든 지급이 중단된다. 인디언 보호 구역은 인디언들을 도와 준다는 의미와 함께 제한된 공간에 묶어 두는 도구로서의 의미를 동시에 지니고 있다.

이와는 다른 의미이지만 코리아타운과 같은 민족 커뮤니티는 미국 사회와 또 다른 교포 사회 시스템을 만들어 낸다. 이러한 시스템은 이민 초기에 적응을 돕는 보호막인 동시에 미국 사회를 경험하지 못하고 한인 사회에 머물게 만드는 일종의 장벽이 되기도 한다. 시카고에 거주하다 결혼과 함께 LA로 이주한 한 여성(39세, 아티스트)은 오렌지카운티의 한국인 커뮤니티를 보며 '이곳은 미국이 아니다. 말 그대로 교포 사회다. 날씨도 늘 똑같아서 지루하고, 교통편도 좋지 않다. 한국 사람이 많은 것이 좋다가도 어떨 때는 답답하다'며 교포 사회의 제한된 사회 공간성에 대해 불만족을 드러냈다. 또한 이민자들은 한국에서의 가족과 친척 등의 혈연 관계와 초·중·고 및 대학의 학연 등 살아가면서 자연스럽게 형성되는 사회적 네트워크가 없는 경우가 많아서 서로 연계되지 못하고 홀로 존재하는 듯한 느낌을 갖기도 한다. 물론 알음알음으로 형성된 다양한 동창 모임이나 향우회가 있지만 모든 관계망은 처음부터 다시 시작된다고 할 수 있다. 결국 언어적 한계, 문화적 안정감 등으로 인해 한국 커뮤니티에 정착하게 됨으로서 한국에 살 때보다 축소된 사회 공간을 경험하게 된다.

몇 년 전 MIT에서 유학을 하고 있던 후배 박소영양이 오렌지카운티의 한인 여성들의 산후조리 실태를 조사하기 위해 방문한 적이 있다. 후배의 열정적인 모습이 좋아서 함께 많은 이야기를 나누며, 자녀를 둔 친구들에게 설문을 부탁한 기억이 있다. 그리고 몇 년 후 나는 보스턴에서 뜻밖에 너무 예쁜 크리스마스 카드를 받았다. 미국에 와서 친구도 없고, 가족도 없고, 파란 눈의 외국인들 사이에서 영어도 잘 못하는 벙어리 신세로 한참 풀이 죽어 있던 시기에 선배 언니를 만나 따뜻한 응원을 받아서 행복했다는 내용이었다. 잊지 않고 카드를 보내 준 세심함과, 처음 유학 생활에 힘들었을 후배를 생각하며 마음이 뭉클했었다. 외국에서의 처음 나날들은 누구에게나 그렇게 혹독한 것 같다.

최근에는 한국의 다양한 브랜드들이 LA 근교에도 속속 입점하고 있어 이민자들에게 반가운 소식이 되고 있다. 예를 들면 한국에서 인기 있는 베이커리나 커피숍, 고깃집 등이 앞다투어 들어서고 있어서 이러한 한인 커뮤니티는 보다 확장되고 복잡해질 것이다. 한국의 걷고 싶은 거리라든지 대학로의 거리 공연 등이 이곳 한인 커뮤니티에서도 자연스럽게 발현된다면 다른 외국인들에게도 보다 매력적인 공간이 되리라 기대한다. 또한 소외된 한인 저소득 계층과 노인들에 대한 보호와 지원은 현재 민족 학교와 한인 교회, 한인회 등을 통해 실행되고 있지만, 법적, 경제적 부분을 넘어 정서적 부분까지도 세밀한 돌봄이 이루어져야 할 것이다. 그중에 하나는 뿌리 깊은 한인 소속감을 심어 줌으로서 광야에 놓여진 것과 같은 이민 생활에서 흔들리지 않는 버팀목이 있다는 것을 상기시키는 일일 것이다.

이러한 각각의 사회 공간에 대한 인식은 서로 통계적으로 유의미한 상관관계가 있다. 먼저 한국 사회 공간에 대해 개방적으로 생각하는 사람은 재미 교포 사회 공간과 미국 사회 공간에 대해서도 개방적으로 인식하고 있었다. 특히 재미 교포 사회에서 적응해 자유롭게 느끼는 경우 미국 사회 공간에 대해서도 보다 자유롭고 개방적으로 느낀다는 결과는 주목해 볼 만하다.

인간은 자기 마음속에 가지고 있는 것만을 세상에서 볼 수 있다

이런 이야기가 있다. 새로 이사온 사람이 마을의 한 노인에게 "이곳은 어떤 곳인가요?" 하고 물었다. 노인은 "당신이 살던 곳은 어떤 곳이었나요?" 하고 되물었다. 그 사람은 "제가 살던 곳은 아름답고 좋은 곳이었어요. 사람들도 친절하고 정직했지요."라고 답했다. 이 이야기를 들은 노인은 그 사람에게 "당신이 새로 이주한 이곳도 그처럼 좋은 곳이라오."라고 답해 주었다. 반대로 "제가 살던 곳은 사람들이 불친절하고 살기도 힘든 곳이었어요."라고 대답한 사람에게는 "이곳도 당신에게는 그처럼 좋지 않은 곳이라오."라고 대답했다고 한다. 절대적이라 할 수는 없겠지만 긍정적으로 삶의 장소를 바라본 사람은 새로운 삶의 장소 또한 그렇게 긍정적으로 맞이할 것이라는 뜻이다. 인간의 지식은 불확실해서 환경이 나에게 어떻게 작용하고 있는지를 알려면 자기 자신이 이미 가지고 있는 가설이나 이미지에 의지해야 한다는 것이다(월퍼트, 1965). 『어린 왕자』를 쓴 생텍쥐페리는 인간은 이미 마음속에 가지고 있는 것만을 세상에서 볼 수 있다고 했다.

설문을 통해서도 한국을 개방적으로 느꼈던 사람은 재미 교포 사회와 미국 사회에 대해서도 개방적으로 느끼는 것을 확인할 수 있었다.

이러한 모국과 이민국에 대한 폐쇄성 인식은 미국에서의 거주 기간에 따라 차이를 나타냈다. 거주 기간과 상관 없이 한국에 대해서는 비교적 일관

된 평가를 내리고 있지만, 이민국인 재미 교포 사회 공간과 미국 사회 공간에 대해서는 초기에는 적응이 어렵고 낯설음과 장소 공포감을 많이 느끼게 되면서 보다 부정적으로 평가하는 것을 확인할 수 있었고, 점차 적응이 많이 이루어졌다고 할 수 있는 거주 기간 11~15년에 가장 긍정적으로 평가했다. 그리고 그 이후에는 미국 주류 사회에 의한 거부감, 오랜 이민 생활로 인한 고달픔과 모국에 대한 향수 등으로 인해 다소 부정적인 평가를 내리게 된다. 설문 조사에 의하면 재미 교포 커뮤니티에 대해서는 거주 기간 10년 이후부터는 제2의 고향으로 자리 잡고 코리안 아메리칸으로서의 교포 정체성을 확립한다고 볼 수 있다. 미국 사회 공간에 대해서도 유사한 패턴을 보인다.

요약하면 재미 교포들은 거주 기간이 증가함에 따라 경제적 안정을 찾게 되고, 이민 초기(5년 미만)의 적응 단계와 중간 적응 단계(5~10년), 적응의 성숙 단계(10년 이상)를 거쳐 가며 이에 따른 모국과 이민국 간의 장소감도 지속적으로 변화해 간다. 이것은 이민으로 인한 혼란을 극복하려는 심리적 방어기제가 표현된 측면도 있고, 지속적으로 회상 기억의 재구성을 통해 현재 생활이 보다 향상되었고 이민을 선택한 것은 잘한 것이라는 당위성을 부여하기도 한다. 뭐랄까? 그러한 마음의 다독임이 이민이라는 선택이 잘못되지 않았음을 다시 상기시킨다고 할까? 즉 이민 생활에서는 사회, 경제적 적응을 넘어 스스로 이민이라는 쉽지 않은 결정을 수용하고 심리적으로 만족하는 것이 중요한 것이다. 개인과 한인 교회, 그리고 한인 커뮤니티와 미국 사회의 실질적이고 다각적인 지원과 스스로의 부단한 노력을 통해 비로소 진정한 코리안 디아스포라로 적응해 가는 긴 과정을 거친다고 볼 수 있다. 다시 역이민을 가는 길이 열릴 수도 있지만 그것 또한 현재 이민자로서의 삶의 장소를 사랑할 때 잠시 이별을 고할 수도 있는 것이라고 생각한다. 모국을 사랑할 때 이민국을 사랑할 수 있고, 이민국을 사랑할 때 모국을 더욱 사랑할 수 있는 것이다.

장소와 관련해서 재미 교포에게 한국은 자신의 뿌리 그 자체라 할 수 있고, 미국은 새로운 도전과 적응을 해야 할 말 그대로 신대륙이라 할 수 있으며, 재미 교포 사회 공간은 낯선 땅에 하나씩 나뭇가지를 쌓아 올린 한민족의 둥지라고 할 수 있다. 누구든 삶의 공간은 전 생애를 통해 계속해서 변해가지만 이민자는 국가가 바뀌고 기후와 자연환경, 주변인, 그리고 모든 사회, 법, 문화 시스템이 완전히 다른 사회 공간에서 새로운 출발을 해야 하는 삶을 살아간다. 그러한 삶의 여정은 인종을 초월한 다양한 이웃과의 사랑, 계절마다 아름답게 바뀌는 자연 속에서의 안식, 미국이라는 국가의 다양한 지원과 새로운 직장생활 등을 통해 토포필리아를 쌓아 가려는 노력이 수반되어야 한다. 미국에서 건강하게 적응해 갈 때 한국과도 건강한 사랑의 끈을 연결해 갈 수 있기 때문이다.

제4장

오렌지카운티의 장소 정체성

풀러턴의 커먼웰스길에는 작은 경비행장이 있다. 가끔씩 구름 위를 날아가는 경비행기들을 볼 수 있고, 영화 속에서 보던 헬리콥터들도 볼 수 있다. 밤이 되면 여느 비행장처럼 비행기가 착륙할 수 있도록 빛을 비추며 활주로를 만든다. 유치원 아이들이 가상 운전도 해 보고 경비행기에 직접 올라타 보는 현장학습의 장이 되기도 하고, 비행장 안에 있는 작은 레스토랑은 가족 나들이 장소가 되기도 한다. 비행장에서 그리 멀지 않은 곳에 기찻길이 있는데 마치 대륙을 횡단할 것처럼 끝이 잘 보이지 않는 컨테이너들이 기차에 연결되어 한참을 지나가기도 한다.

오렌지카운티의 팜트리와 해변의 아름다움과 달리 고요함을 뚫고 나오는 비행기 소리와 기차의 경적 소리는 이민자에게 외롭고 낯선 굉음으로 다가오기도 한다. 오렌지카운티는 사막에 세워진 오렌지 농장이 많았던 아름다운 근교 도시이다. 나에게 오렌지카운티는 설레이면서도 궁금한 것이 많은 처음 만난 짝꿍 같다.

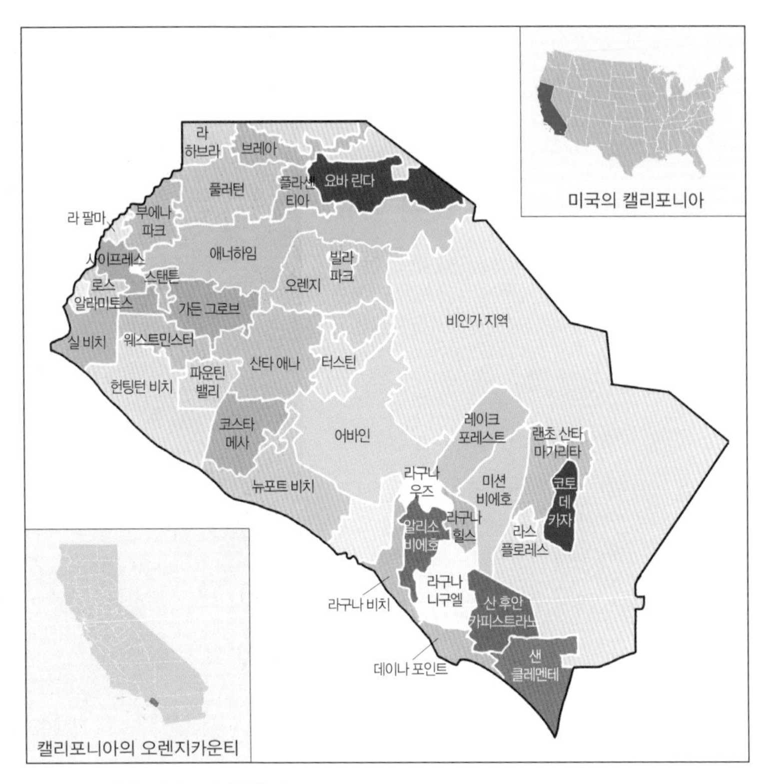

그림 4-1 캘리포니아 오렌지카운티

오렌지카운티는 캘리포니아 남부에 있는 카운티로 면적은 2,460km²로 서울 면적의 4배 정도에 해당된다. 카운티의 관청은 산타 애나Santa Ana시에 소재해 있는데 그곳에는 어린이 병원인 CHOC(Children's Hospital of Orange County)가 있다. 첫째 아이가 아플 때 몇 번 방문한 적이 있는데, 검사하는 곳에 있는 간이 침대 위에 까는 얇은 기름종이에 환영하는 글을 써 주며 아이를 따뜻하고 친절하게 대해 주었던 기억이 있다.

산타 애나는 오래된 공연장들과 영화에서 나오는 듯한 바, 그리고 다양한 벽화들이 인상 깊은 곳이다. 한번은 초등학생들의 우크렐레 공연을 보러 간

적이 있는데 공연장의 느낌이 색달랐다. 오렌지카운티는 총 34개의 도시와 카운티 직할 지역으로 구성되어 있는데, 시city는 서울의 구 정도 규모라고 보면 된다. 가장 넓은 시는 디즈니랜드가 위치한 애너하임 시이다. 디즈니랜드는 아마 캘리포니아의 가장 대표적인 관광 명소 중 하나라 할 수 있다. 지역 주민들에게는 무료로 모노레일을 타고, 거리의 악사들의 음악을 들으며 쇼핑을 즐길 수 있는 디즈니 다운타운 거리가 인기 있는 나들이 장소이다. 나는 디즈니랜드 가까운 곳에서 10년 넘게 살고 있지만 아이들이 조금 더 크면 가 봐야지 하며 아직 디즈니랜드에 들어가 보지 못했다. 하지만 수없이 찾았던 디즈니 다운타운 거리는 여름 내내 불꽃놀이를 선물해 주고 한국에서 방문한 벗들과 호텔의 벽난로에서 잠시 쉬어가는 추억의 장소가 되었다.

디즈니 다운타운 호텔 벽난로

오렌지카운티의 인구는 3,222,498명(2019년 기준)으로 캘리포니아에서 3번째로 인구가 많으며, 백인 42%, 히스패닉 35%, 아시안 17%로 구성되어 있다. 캘리포니아에서 평균 소득 수준이 높은 지역이라 할 수 있고, 특히 캘리포니아의 아시안 이민자들의 교육 수준이 높은 것으로 유명하다. 캘리포니아 소셜 프로그레스 인덱스CA Social Progress Index를 통해 살펴본 삶의 질 지수를 보면 캘리포니아의 58개 카운티 중에서 6위를 차지했고, 인구 수를

반영하면 상대적으로 가장 좋은 편이라고 할 수 있다.[1]

장소에도 정체성이 있다. 때로는 인위적으로 정체성을 부여하기도 하고, 장소 정체성을 유지하기 위한 투쟁이 이루어지기도 한다. 10년 정도 이곳에 머물면서 지리학자로서 수십 번, 수백 번 같은 곳을 밟고 또 밟았던 기억들을 모아 이민자의 시선으로 바라본 오렌지카운티의 특별한 장소 정체성을 구성하는 핵심 키워드 5가지를 추려 보았다.

첫 번째는 세계적으로 손꼽히는 아름다운 해변이다. 그리고 두 번째는 공원과 언덕의 향유이고, 세 번째는 삶을 윤택하게 해 주고 소소한 기쁨을 주는 몰mall들이다. 오렌지카운티에는 『포춘Fortune』지가 선정한 500대 기업 가운데 많은 기업들의 본사와 자회사들이 자리 잡고 있는 상업지구이며, 수많은 쇼핑센터와 문화센터들이 입지해 있다. 네 번째는 한인이 집중해서 살고 있는 3개의 시(풀러턴, 부에나 파크, 라 미라다)가 만나는 지점에 형성되고 있는 트라이시티Tri-city 코리아타운이다. 끝으로 삶과 죽음의 실존적 공간으로서 집과 커뮤니티로 정했다. 특별히 코로나 바이러스로 인해 캘리포니아주에 록다운이 실시된 상황에서 이 글을 마무리하게 되었는데, 그로 인해 집의 의미에 대해 더 많은 생각을 하게 되었다.

1. 오렌지카운티에서 해변이 갖는 의미

파도는 서로 경주를 한다. 사이가 좋은 듯 보이지만 서로 더 멀리 모래 언

1) 미주 중앙일보 2019년 11월 7일자 기사 참조

서퍼들

덕까지 오르기 위해 보이지 않는 달음질을 한다. 그러다가 다시금 쓸려나가 바다에 자취를 감추지만 그래도 파도는 멈추지 않는다. 바다는 늘 사람들에게 행복과 추억을 선물해 준다. 가족들의 웃음소리, 연인들의 일광욕, 비치발리볼을 즐기는 사람들, 롤러블레이드나 자전거를 타는 사람들이 바다를 더 생기 있게 한다. 이곳 오렌지카운티는 '서퍼 시티surfer city'라 불리울 정도로 세계적으로 유명한 해변이 줄지어 있다. 세계서핑대회가 열리고, 드라마 '상속자들'의 주인공이 서핑을 즐기던 장면의 배경이 되었던 헌팅턴 비치가 집 가까이에 있다.

헌팅턴 비치에는 겨울에도 윈드서핑을 즐기는 사람들이 많다. 물론 한국의 겨울처럼 매섭지는 않지만 그래도 꽤 쌀쌀하고 차가운 바다에서 그들은 마치 검은 물개들이 온몸을 이용해서 수영하는 것처럼 끊임없이 앞으로 나아간다. 차가운 바람 때문에 옷깃을 여미게 되는 날씨에도 사람들은 넘치는 에너지와 도전 정신으로 파도를 가른다. 그들에겐 이 바다가 포근한 고

드라마 '상속자들'에 나왔던 레스토랑

헌팅턴 비치

향의 바다일 뿐, 특별하다고 느끼지 못할 것이다. 그렇게 다만 친숙한 바다에 몸을 맡기고 파도를 즐길 뿐이다.

아직 겨울의 한가운데를 지나고 있는 날에도, 햇볕이 따가운 날에는 어느새 수영복을 입고 선탠을 하는 사람들을 종종 볼 수 있다. 그리고 수영복을 입은 사람들 사이로 가끔 두꺼운 스웨터를 입고 해변을 걷는 아시아 사람들을 마주한다. 나 또한 그런 아시아 사람들 중 하나인데 나는 어떤 그림 속에 잘못 등장한 사람 같다는 생각이 들기도 한다.

캘리포니아는 서부 전체가 세계적으로 아름다운 해변이 연이어 있어 관광객의 발길이 끊이지 않는 곳이다. 오렌지카운티에만 35개 이상의 해변이

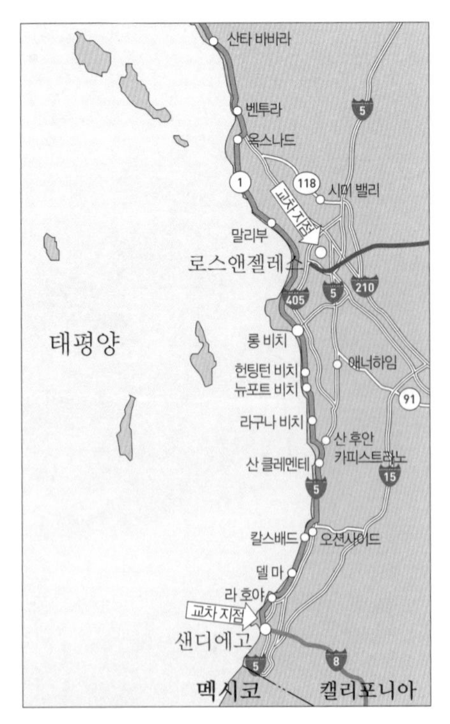

그림 4-2 오렌지카운티의 해변

있다고 하니 '서퍼들의 고향'이라는 말이 무색하지 않다.

한국에서 캘리포니아 여행을 온 친구가 이곳저곳을 둘러보다가 우리 집에 들러 잠시 머물다 간 적이 있다. LA에서 모르는 사람들과 합류해서 샌프란시스코까지 여행을 다녀온 용기 있는 싱글 친구였는데 그녀의 자유가 참으로 부러웠다. 집에 머무는 동안 미국에서 가장 아름다운 비치 10위 안에 들었던 라구나 비치에 가서 스타벅스 커피 한 잔씩을 들고 산책도 하고, 바다에 발도 담궜다. 해가 지는 시간에 따라 변하는 바다의 색깔은 늘 새롭다. 날이 어두워지면 바닷가의 언덕 위에 있는 집집마다 불이 들어와 장관을 이룬다.

라구나 비치는 라구나 호텔과 연결되어 언덕으로 산책로가 제법 길게 연결되어 있다. 산책로를 걷다 보면 호텔의 수영장과 다양한 인종의 사람들,

라구나 비치의 선인장과 조화처럼 시들 것 같지 않은 꽃과 잎들

라구나 비치의 야경과 산책로, 선인장들

사막에 피는 다양한 선인장과 꽃들, 알로에나무와 팜트리 등이 어우러져 있다. 강한 햇빛을 견딘 때문인지 강렬해 보이는 꽃들이 눈에 들어온다. 사막에는 사막과 어울리는 꽃이 피나 보다. 조화처럼 언제라도 시들지 않을 것만 같다.

마른 흙들 사이로 뿌리까지 드러나는 식물들을 보고 있다 보면 이곳 사막에 선인장이 얼마나 잘 어울리는지 생각하게 된다. 물을 저장하고 증발하는 것을 막기 위해 가시 잎을 피우는 선인장들. 그 가시를 뻗기까지 얼마나 사막의 모진 목마름과 싸웠을까?

비치길을 따라가면 다다르는 헌팅턴 비치의 일몰

데이나 포인트 해변과 연결된 리츠칼튼 호텔

바다는 늘 내 마음을 치유한다. 다시 도전하라고 새롭게 힘을 내라고 격려한다. 내가 이민 와서 제일 좋아하는 곳 중에 하나가 바로 이런 캘리포니아의 해변가이다.

이민자들은 집을 떠난 후, 무의식적으로 무언가를 계속 지향한다. 그것이 고향일까, 가족일까? 모든 익숙함에서 떠나온 데서 생기는 초조함일까? 햇살이 던져진 듯 바다에서 반짝이는 아름다운 자연, 그 어떤 인공물보다 아름다운 자연은 힘겨워하는 내게 모든 낯선 것들은 어느새 시간과 함께 친구가 될 수 있다고 격려하는 듯했다. 똑같은 라구나 비치이지만 잠시 한국에서 방문한 가족이나 친구와 걷기도 하고, 사랑하는 이들과 식사도 하며 계속해서 쌓아온 추억은 이곳을 더욱 특별한 장소로 각인시켜 준다. 그리고 이런 추억이 담긴 장소들이 하나씩 더해 갈 때 낯선 이민자로서의 삶의 반경은 조금씩 넓혀져 간다.

몇몇 해변들은 일류 호텔과 연결되어 산책하기에 좋은 아름다운 코스로 만들어져 있다. 다양한 종류의 선인장과 꽃들, 팜트리와 야생화들이 잘 정돈되어 볼거리를 만든다. 데이나 포인트Dana Point 해변은 리츠칼튼 호텔과 연결되어 있는데, 걷다가 인조 보석들이 불 속에서 반짝거리는 럭셔리한 야외 벽난로에서 손을 녹일 수도 있다.

크리스탈 코브Crystal Cove 주립공원은 야외 웨딩 촬영지로 인기가 있다. 바다를 내려다 보며 걷는 길에는 여러 식생이 자라고 있고 산토끼들도 뛰어놀고 있다. 느낌이 많이 다르긴 하지만 나는 이 길을 걸을 때 제주도의 성산일출봉이 떠올랐다. 이민자들은 새로운 곳을 방문할 때마다 과거 내가

크리스탈 코브의 언덕 위의 토끼와 석양(상), 샌디에고의 라호야 비치에서 쉬고 있는 물개들(하)

칼스배드 해변의 자갈들과 거품이 이는 파도

경험한 수많은 장소들과 견주어 보곤 하는 것 같다. 라구나 비치의 야경을 보며 나는 부산 해운대의 고층 빌딩을 감싸던 운무와 아름다운 곡선을 그리던 파도가 어우러진 야경을 떠올렸다.

그리고 오렌지카운티는 아니지만 남쪽으로 샌디에고로 연결되며 오션사이드Oceanside와 칼스배드Carlsbad, 델 마Del Mar, 라 호야La Jolla 비치로 절경들이 계속 이어진다. 칼스배드 비치는 주먹만한 조약돌들이 해변을 가득 채우고 있어 파도가 돌들을 훑고 지나갈 때면 돌들끼리 구르며 부딪치는 기분 좋은 소리를 낸다. 눈을 감고 들으면 오래전 단짝 친구와 떠났던 거제도의 몽돌해변을 떠오르게 한다. 몽돌해변의 '차르륵 차르륵'거리는 소리를 다시 듣는 듯하다.

오렌지카운티의 북쪽은 LA 카운티로, 한인들이 많이 거주하는 토렌스 주변의 레돈도Redondo 비치, 롱 비치Long beach, 산타 모니카Santa Monica 등으로 연결된다. 이 해안은 샌프란시스코까지 퍼시픽 코스트 하이웨이Pacific Coast Highway(1번 고속도로)로 계속해서 연결되는 관광 코스가 되기도 한다. 캘리포니아 전체가 태평양의 아름다운 해변들로 연결되어 있다고 보면 될 것 같다.

오렌지카운티에 와서 살아야 한다면 바다와 벗하라고 말하고 싶다. 그래서 슬픈 일이 있거나 기쁜 일이 있을 때 어머니의 품과 같은 바다에 안기며 부서지는 햇살을 은총으로 받으라고 말이다. 바다는 언제나 변함 없이 우리를 두 팔 벌려 맞이해 준다. 있는 모습 그대로 …. 해질녘엔 눈부시게 아름답고, 모래나 자갈에 부딪치는 파도 소리는 마음을 편안하게 해 준다. 물과 함께 발 사이로 빠져나가는 모래는 세포를 깨우고, 파도에 몸을 싣는 사람들은 에너지를 전해 준다. 그리고 무엇보다 바다 너머에는 한국의 동해와 닿아 있다고 상상해 보면 이민자들도 그리 멀리 와서 사는 것은 아니라고 위로하게 된다. 그렇게 바다는 항상 우리가 잊고 사는 무언가를 기억나게 한다. 팬데믹으로 인해 뉴섬 주지사는 2020년 3월 20일 이동 제재를 선포했고, 4월 30일부터는 오렌지카운티 비치의 출입 금지 명령을 내려 지속적으로 통제해 오고 있다.

헌팅턴 비치와 뉴포트 비치 등 일부 해변을 개방했다가 수천 명의 사람들이 모여 보건당국을 당황하게 하기도 했다. 오렌지카운티의 주민들에게 바다가 없어지면 마음의 병이 생길 수도 있다. 이제는 잠시 풀렸던 록다운이 다시 시작되면서 무조건 출입 금지가 아니라 뉴 노멀new nomal의 비치는 어떤 모습이 되어야 할까 생각해 보아야 한다. 입장 인원 제한, 발열 검사, 거리 두기 등 새로워진 일상을 위해 준비할 것과 지켜야 할 것이 많다. 또 다른 측면이지만 요즘엔 코로나 바이러스로 아시아인에 대한 혐오가 증가하고 있다. "우리는 바이러스가 아니다We are not virus"라는 팻말을 들은 아

록다운된 뉴포트 비치

시안 아메리칸들의 사진을 보았다. 오랜 시간 속에 이제 익숙해졌다고 생각했던 캘리포니아의 해변이 다시금 낯설게 느껴지는 순간이었다. 이민 생활은 적응한 것 같다가도 새로운 어떤 일들로 인해 다시금 출발선에 와 있는 것 같다. 언제나 그렇다. 그럼에도 뿌리를 더 깊게 내려 흔들리지 않고 서로 연합하며, 장소와 사람에 대한 사랑으로 오늘을 맞이해야 한다. 이전처럼 이 또한 지나갈 것이라는 것을 알기 때문에….

2. 공원과 힐스를 통한 공간의 향유

오렌지카운티의 주택가에는 어김없이 공원과 몰이 있다. 공원에는 아이

서니리지 길에 있는 작은 공원

랄프 클라크 공원

에머리 공원

라구나 레이크 공원

트라이시티 공원

들의 놀이터와 팜트리, 산책로 등이 있다. 물론 상업 지구가 가까운 동네에는 조금 멀리 떨어져 있거나 찻길을 건너야 하는 번거로움 등이 있지만, 보통은 멀지 않은 곳에 동네 공원이 있다. 그곳에는 가을에 낙엽을 떨구는 오래된 나무들과 빨갛고 파란 색깔의 미끄럼틀 등이 있다. 새 단지에는 조금 세련된 우유빛 놀이터가 있기도 하다. 공원은 모든 사회 계층과 인종을 초월해 지역 주민 모두에게 행복을 주는 공간이다. 반복되고 조금은 지루한 일상 속에서도 친구와 벤치에 앉아 미세한 계절의 변화를 느끼며 커피를 나누는 시간은 공원이 주는 행복한 선물이다.

풀러턴시와 플라센티아시

히스패닉들은 대가족이 모여 생일 파티를 연다. 아이의 생일 파티에는 옛날 운동회 때 쌀주머니 등을 던져 바구니를 터뜨리는 놀이와 비슷한 피냐타Piñata 시간이 있다. 피냐타는 한국의 바구니 대신 생일을 맞이한 아이가 좋아하는 만화 캐릭터나 북, 동물 모양 등의 종이 박스 안에 사탕과 초콜렛, 장난감 등을 잔뜩 넣은 것들이

아이들의 생일 파티에 빠지지 않는 피냐타

다. 피냐타를 나무에 매달아 놓은 후 눈을 가린 아이가 방망이를 휘두르며 안에 들은 선물들이 쏟아져 나올 때까지 피냐타를 친다. 간혹 초대 받은 아이들 모두가 돌아가면서 한 번씩 쳐 보기도 한다. 아이들이 기다리던 사탕, 초콜렛, 작은 인형들이 쏟아져 내리면 아이들은 기뻐하며 달려가서 줍는다.

물론 한인들도 공원에서 각종 모임이나 야외 예배 행사 등을 한다. 동네 작은 공원부터 입장료를 받는 제법 큰 공원까지 오렌지카운티의 장소 정체성에서 공원은 빠질 수 없는 의미를 갖는다. 한인들이 많이 모이는 랄프 클라크 공원에는 공룡 전시관과 낚시터, 모래사장에서 하는 배구장 등이 있고 놀이터도 3개나 있어서 지역 주민들이 즐겨 찾는다. 봄이면 야구장 뒤쪽으로 마치 유채꽃 같은 노란색 들꽃들이 장관을 이루는데, 꽃들 사이로 난 길을 따라가다 보면 언덕에 오르게 되고, 바깥 동네까지 하이킹을 할 수도

랄프 클라크 공원에 봄이 되면 만개하는 유채꽃 닮은 들꽃

있다. 아이들이 공원에서 자연과 함께 자유롭게 놀면 엄마들은 잠시 휴식을 얻는다. 교회에서 다 함께 공원으로 피크닉을 나오면 바베큐 파티도 하고 게임도 하면서 추억을 쌓기도 한다.

랄프 클라크 공원도 그렇지만 라구나 레이크 공원이나 에머리 공원, 트라이시티 공원도 주변의 주택들과 어우러져 있다. 지역 주민들에게 공원은 삶의 일부분이다. 매일 거니는 산책이나 아이들과의 생일 파티, 소소한 모임, 이웃들과의 우연한 만남은 모두 공원에서 이루어진다. 뭐라고 설명해야 할까? 한국에 살 때 친구를 만날 때면 가끔씩 청계천이나 경복궁까지 걸어가서 도심 속의 자연과 고즈넉함을 즐겼던 것처럼, 오렌지카운티에서도 친구들과 가까운 공원에서 만나 캠핑 의자를 펴 놓고 끓여온 커피를 함께 나누며 자연을 향유한다. 날이 저물어 가면 보온병에 담아온 물을 부어 컵라면을 먹으며 담소를 이어간다.

라구나 레이크 공원의 동물을 키우는 집

내가 버스를 타고 한강을 건너 용산과 남영, 서울역과 시청을 지나 종로쪽에 가까워질수록 친구와의 수다와 커피향, 피아노 거리와 하프가 있던 찻집, 복잡하지만 재미있었던 피맛골과 인사동의 고풍스러움에 점점 더 마음이 설레어 왔던 것처럼, 친구들과 공원에서 피크닉 약속이 있는 날에는 짐을 챙기며 그때의 설렘이 되살아나는 것 같다. 가끔은 햇살 좋은 날 홀로 공원에서 오리 떼들과 거북이, 나무와 꽃들을 바라보다가 문득 서로의 삶 속에서 동행하는 친구들을 생각하며 행복해한다.

록다운이 되어 이제는 그런 행복도 멈춰지고 언제나 변함 없이 내 곁에 있을 것만 같았던 공원에서의 시간도 빼앗길 수 있다는 것을 비로소 깨달았다. 이번 팬데믹으로 인해 오히려 한국에서의 시간만 그리워하고 상실감에 마음 아파했던 것에 대해 마침표를 찍을 수 있었다. 고향의 따스한 추억은 감사하는 마음과 함께 간직하고, 오늘도 언젠가 사라져 버릴 수 있음을 인식하여 지금 삶의 장소에서 소소한 행복을 놓치지 않으리라 다짐해 본다.

어바인시의 그레이트 공원(좌)과 어바인 리저널 공원(우)

꽤 규모가 큰 어바인 파크Irvine Park에는 동물들에게 먹이를 줄 수 있는 페팅 주petting zoo와 공원을 한 바퀴 도는 작은 기차가 있다. 시즌에 따라 다양한 행사를 진행해 지역 주민들의 소풍 장소로 인기가 있다. 특히 추수감사절에는 호박 패치와 가을 축제를 열고 크리스마스 시즌에는 트리로 꾸며진 공원에서 기차를 타고 크리스마스 분위기를 만끽할 수 있다. 근처에 있는 오렌지카운티 그레이트 파크Great Park에서는 기구를 탈 수 있어서 아이들의 체험학습의 장이 되기도 한다.

조금 더 멀리 내려가면 산 후안 카피스트라노San Juan Capistrano 동물원이 있다. 부에나 파크 기차역에서 기차를 타고 가면 라마와 양, 소들에게 먹이

부에나 파크 기차역과 산 후안 카피스트라노 동물원

를 줄 수 있는 동물원이 있는데 이 지역도 유서 깊은 곳이어서 관광지로 인기가 높다. 한번은 가족들과 휴일에 나들이 겸 기차를 타고 다녀왔는데 오는 길에 선글라스를 기차에서 잃어버리는 바람에 안타까워해서 더 기억에 남는 곳이기도 하다. 오렌지카운티에는 카운티가 관리하는 공원이 24개 있고 그 외에 34개의 시가 관리하는 수백 개의 공원이 있다고 생각하면 된다.

오렌지카운티 공원관리국에서 관리하는 24개의 공원
Aliso and Wood Canyons Wilderness Park, Carbon Canyon Regional Park, Ronald W. Caspers Wilderness Park, Ralph B. Clark Regional Park, Ted Craig Regional Park, Featherly Regional Park, Irvine Lake, Irvine Ranch Open Space, Irvine Regional Park, Laguna Coast Wilderness Park, Laguna Niguel Regional Park, William R. Mason Regional Park, Mile Square Regional Park, O'Neill Regional Park, Thomas F. Riley Wilderness Park, Peters Canyon Regional Park, Santiago Oaks Regional Park, Talbert Regional Park, Whiting Ranch Wilderness Park, Tri-City Regional Park, Upper Newport Bay Nature Preserve, Harriett M. Wieder Regional Park, Yorba Regional Park, Regional Trails

3. 힐스라는 자연 경관과 인문 경관의 조화

언덕 위에서 내려다보는 수평선

오렌지카운티의 장소 정체성을 설명할 때 또 하나의 키워드는 힐스hills이다. 오렌지카운티에서 살아가는 세월이 더할수록 이곳 사람들이 얼마나 힐스를 사랑하는지 알게 되었다. 평지인 길을 왠지 밋밋하다고 느끼며 달리다가 부에나 파크, 풀러턴을 지나 라 하브라La Habra, 브레아Brea, 요바 린다Yorba Linda, 오렌지Orange에 들어서면서 알게 된다. 힐스! 특별히 밤이 되어 야경을 보며 운전할 때면 나는 한국의 평창동을 지나 드라이브를 즐겼던

라구나 니구엘 비치의 언덕 위에 지어진 고급 주택들

북악스카이웨이가 떠오른다. 밤이 되면 모든 불이 켜지고 언덕을 내리 달리며 바라보는 마을은 정말 아름답다. 그리고 언덕 위에는 여러 주택 단지들이 있다. 헉스 포인트Hawks Point, 코요테 힐스Coyote Hills, 애너하임 힐스Anaheim Hills, 풀러턴 힐스Fullerton Hills, 라하브라 힐스La Habra Hills, 뉴포트 힐스New Port Hills, 데이나 포인트 힐스Dana Point Hills 등 언덕을 끼고 고급 주택 단지가 많은데 몇몇 시에는 한국 사람들도 꽤 많이 살고 있다. 해질 무렵 힐스를 운전할 때면 가슴이 울릴 정도로 아름다운 풍경에 눈물이 어리기도 한다. 이처럼 힐스는 오렌지카운티의 특별한 경관이라 할 수 있다. 풀러턴시의 배스탠추리Bastantury길에는 서밋 하우스Summit House라는 고급 레스토랑이 있다. 길 자체가 곡선으로 이루어져 있는데 잘 보이지 않는 길을 지나 작

헌팅턴 비치의 언덕 위에 지어진 고급 주택들

뉴포트 비치의 언덕 위에 지어진 고급 주택들

은 언덕에 올라가면 그곳에 서밋 하우스가 있다. 힐스와 잘 어울리는 곳에 위치하고 있어서 기념일이나 특별한 날 스테이크 등을 즐기기에 좋다.

오렌지시에는 오렌지 힐스라는 레스토랑이 있다. 이곳은 야외 난로와 아름다운 야경으로 이국적인 분위기를 즐길 수 있다. 어떤 사람은 낮에 가서 지저분하고 초라한 모습에 실망했다고도 하는데, 힐스와 야경은 자연스럽게 어우러져 많은 사람들의 레크리에이션 장소가 되어 준다. 뿐만 아니라 고급 주택일수록 가장 높은 언덕 위에 지어지고 언덕에서 내려올수록 작은 집들이 붙어서 단지를 형성하는 경우가 많다. 오렌지카운티에는 작은 모텔부터 꽤 값이 나가는 대저택까지 다양한 주거 형태가 있지만, 경관이 좋은 해변의 언덕 위에는 어김 없이 값비싼 저택들이 자리 잡고 있다. 5,000ft²나 몇 만 ft² 이상의 집들이 바다와 어우러져 자연의 경이로움과 인간의 건축물들이 조화를 이룬 경관을 만들어 낸다.

한인들이 많이 진입하지는 못했지만 해변가인 뉴포트와 라구나, 데이나 포인트 등의 고급 주택들은 자연과 어우러져 또 하나의 장관을 이룬다. 바다가 내려다 보이는 수영장이나 시청과 초등학교 등이 동화 속의 동네처럼 아늑하고 주변 경관과 조화롭게 자리 잡고 있는 것을 볼 수 있다.

오렌지카운티는 아니지만 한인들이 많이 찾아가는 팔로스 버디스Palos Verdes 역시 언덕 위에 자리 잡은 아름다운 집들과 함께 커뮤니티 안에 포근히 위치하고 있는 학교를 볼 수 있다. 세계에서 가장 아름다운 수영장의 탑 순위 안에 들기도 했던 레인이 있는 수영장도 언덕의 중간쯤에 자리 잡고 있다.[2] 파도가 거칠게 몰아치던 어느 날 우연히 언덕 아래 바다를 내려다 보

2) Palos Verdes Beach & Athletic Club

팔로스 버디스의 언덕 위의 집들

한국을 생각나게 하는 팔로스 버디스 해변

다가 큰 수영장을 발견하고 깜짝 놀랐다. 거센 파도의 움직임과 빠르게 물살을 가르며 수영을 하는 사람들의 모습이 아직도 인상적으로 남아 있다.

팔로스 버디스는 뜻밖의 프로포즈를 받았던, 나의 인생에 있어서 터닝 포인트가 된 곳이기도 하다. 그때의 바다와 언덕을 생각하면 나도 모르게 미소가 지어지고 새로운 출발에 가슴이 벅차올랐던 기억도 떠오른다. 2020년 결혼 11주년을 맞이한 날, 찜통 더위를 피해 팔로스 버디스를 찾았다. 이번에는 두 아이와 함께 다시 그 언덕에 올라가 "아빠가 엄마에게 결혼해 달라고 말했던 곳이야."라고 아이들에게 말해 주었다. 큰 아이는 뭔가 의미심장하게 받아들이는 듯 고개를 끄덕인다. 그러면서 "엄마, 아빠를 처음 만난 곳은 디즈니랜드지?"라고 답한다. '제법 자랐구나.' 내가 흘리듯 말해 주었던 것들을 기억하고 있었던 것이 참 기특했다. 이제 푸른 바다가 내려다 보이는 팔로스 버디스의 언덕이 우리 자녀들에게도 기억에 남는 의미 있는 장소가 되었을 것이다. 앞으로 아이들이 이곳에서 아름다운 추억을 많이 쌓아 가길 바라 본다.

4. 몰과 커뮤니티의 획일성, 그리고 변화와 성장 가능성

마천루를 그리워하며 살아가기

이곳에서 그리운 것은 화려한 도시이다. 나는 서울에서 태어나 어려서부터 사람이 많이 모여 사는 곳에서 자랐다. 살아가는 동안 복잡한 곳에서 잘 적응하는 방법들을 터득했던 것 같다. 형제도 많았고 사촌들도 근처에 모여 살아서 늘 북적거렸기 때문에 더 그랬다.

초등학교 때 아침 일찍 학교에 걸어갈 때면 종종 63빌딩에 햇살이 금빛처럼 반사되는 것을 보았다. 어린 시절 '저 빌딩이 넘어지면 여기까지 올 수 있을까? 여기까지 오면 어떡하지?'라고 생각하며 걱정했던 기억이 난다. 어른이 되어서는 버스를 타거나 지하철을 타면 어디쯤 서 있으면 몸이 좀 편한지, 어디쯤에서 자리가 날지, 혹은 빽빽한 만원 지하철에서 어떻게 하면 서로가 몸을 최대한 떨어뜨리고 목적지까지 갈 수 있을지를 배웠다. 또 지하철에서 내리는 정거장마다 가장 빠른 출구가 어디인지 숙지해 두었다가 움직이는 지하철 칸을 이동하여 출구 가까운 칸으로 몸을 옮기곤 했다. 버스에서는 꼭 손잡이를 잡았고, 어디서나 빨리빨리 움직이는 습관이 몸에 배어 있었다.

처음 오렌지카운티에 살게 되었을 때에는 사람들과 그렇게 부딪치던 도시가 무척 그리웠다. 어쩌면 따뜻한 눈으로 바라봐 주며 다정했던 사람들이 그리웠다고 하는 것이 더 정확할지 모르겠다. 결혼과 함께 이민을 온 후 모든 것이 달라졌다. 내 주변에서 높은 건물들이 사라졌고, 가족들을 볼 수 없었으며, 학문 공동체도 멀어졌다. 교회에 가서는 아는 사람이 한 사람도 없어서 아무에게도 인사하지 못하고 돌아왔다. 이민 초기의 적막한 시간을 견뎌 내기 힘들었다. 아침에 일어나 하루를 맞이하면 24시간이 엄습해 오는 것처럼 흰 도화지 같은 하루를 어떻게 보내야 하나 막막할 때도 있었다. 내가 편안하게 숨쉴 수 있었던 때는 홀로 공원 주차장 한켠에 차를 세우고 흐드러지는 연보라색 자카란다 꽃을 바라보며 음악을 듣던 때였다. 그때 나는 어린 시절 코끝에 퍼지던 아카시아 향기를 떠올리곤 했다. 내 팔로 안을 수 없을 만큼 굵고 키가 큰 소나무들과 낮고 작은 담쟁이덩굴을 보며 모양이 서로 다르고 크기도 다르지만 모두 아름답고 소중한 것이라고 위축된 나 스스로를 위로하곤 했다. 자연처럼 그렇게 살아가고 싶다고, 있는 모습 그대로 가장 아름답고, 어디에 있든 조화를 이루는 모습, 자라고 피고 지는 일에 연연하지 않으며 무엇을 입을까 무엇을 먹을까 염려하지 않는 그런 자연을 닮은 삶이 되고 싶다고 생각했다.

가끔 남편과 호수가 있는 공원에 나들이를 가고 마트에 가는 일들이 그나마 소소한 즐거움이었던 것 같다. 친정어머니가 잠시 미국에 방문했을 때, 밤의 고요함과 캄캄함에 무척 놀라 했다. 낮에는 답답한 마음에 집 앞에 있는 작은 공원으로 산책을 나갔다가 아무도 보지 못하고 돌아와서는 "이런 데서 어떻게 사니?"하며 친정 식구 하나 없이 타향살이를 하고 있는 딸의 외로움을 걱정하셨던 기억이 난다.

나는 날마다 생각했다. 사람에게 원래부터 내 것은 없는 것이라고, 마치 낯선 도시로 떠난 여행에서 묵었던 호텔에서처럼, 시간이 되면 모든 것을 내버려 두고 집으로 돌아가는 것처럼, 꼭 쥔 손을 펼치며 살아가자고, 분명 사랑은 모든 것을 이길 수 있고, 모든 것은 지나가고 변화해 갈 것이니 한 걸음만 떼자고 다독거렸다.

10년이 넘은 지금은 거꾸로 서울의 복잡함 속에 내가 다시 적응할 수 있을까 자신이 없기도 하다. 몇 년 전에는 한국을 방문했다 지하철을 두 번씩이나 반대 방향으로 탔다. 나에게도 한국이 낯설어지는 시간이 올 거라고는 전혀 생각하지 못했는데…. 내가 변한 만큼 나의 고향 또한 그렇게 바뀌었겠지. 그런 변화 또한 감사해야겠다.

지진의 위험 때문일 수 있지만 오렌지카운티에는 높은 건물이 많지 않다. 2013년쯤 한국에서 오신 성신여대의 박경 교수, 지인 대표 장은미 교수, 김은경 박사 세 분의 연구를 돕고자 풀러턴시 소방서 헤드쿼터를 방문하면서 풀러턴에서 가장 높은 건물이 9층보다 더 낮다는 것을 알게 되었다. 5번 고속도로를 달리다 보면 캘리포니아대학교 어바인 병원과 보험 회사, 호텔, 아파트 등 높은 빌딩은 손에 꼽을 수 있다.

LA 다운타운의 화려함과 비교하면 고층 빌딩은 더욱 더 없는 편이다. 어바인에 존 웨인 공항John Wayne Airport의 동쪽으로는 마키 파크 플레이스Marquee Park Place라는 18층 아파트가 입지해 있고, 캘리포니아대학교 어바인캠퍼스UC Irvine 근처에도 7~8층 정도의 아파트들이 있지만 오렌지카운티에서는 거의 드물다고 할 수 있다. 마키 파크 플레이스로 대표되는 어바인의 고층 아파트들은 약 1,500ft^2(약 42평) 규모가 대략 80만~90만 달러(한

5번 고속도로에서 바라본 UC 어바인병원과 빌딩들

헌팅턴 비치의 고층 아파트(상), 라구나 비치의 뮤지엄 건물(하)

화 약 10억 원) 정도이고, 2,000ft²(55평)가 넘어가면 100만 달러(한화 약 12억 원) 이상이라고 할 수 있다. 언덕에서 즐기는 야경과 고층 아파트에서 바라보는 야경은 또 다른 멋이 있을 것 같다.

미국에서 만난 탈북민, 새로운 소망

2019년 연말 즈음에 친한 언니와 함께 대표적인 재미 교포 단체 중 하나인 입양 홍보 기관 엠팩(MPAK, Mission to Promote Adoption of Kids)에서 주관하는 탈북 고아 입양을 위한 후원의 밤에 참석하게 되었다. 북한과 탈북민, 그리고 탈북 고아들에 대한 나의 신앙적, 학문적 관심은 변함이 없었기에 흔쾌히 참석했다.

순서 중에 중국에서 결혼한 탈북자 어머니가 북송되면서 중국인 아버지는 쓰러지고 자신은 무국적자가 되어 홀로 살아 남아야 하는 소녀의 이야기를 소개하는 시간이 있었다. 일상생활에 지쳐 까맣게 잊고 있던 탈북 고아들의 안타까운 사정들을 떠올리게 되었다. 그리고 많은 2세, 3세 재미 교포들이 고통 받는 탈북 고아들을 만나러 직접 중국을 방문하여 물품을 기부하고 친구가 되어 주는 모습을 보며 마음이 희망으로 가득 채워지는 듯한 느낌이 들었다.

평소에 빌딩 야경을 보기 어렸웠는데 덕분에 점점 어두워지는 LA 다운타운의 해지는 모습도 시시각각으로 바라볼 수 있었다. 빌딩 숲 사이로 당당히 태극 마크를 빛내고 있는 대한항공 빌딩이 보이는 창가에 앉아, 탈북민으로서 미국에 와서 미국 사람과 결혼해 아름다운 가정을 이루고 영향력을 끼치고 있는 한 여성의 눈물 어린 스피치를 들었다. 탈북민과 재미 교포, 코리안 디아스포라, 대한민국, 우리 모두 함께 북한의 변화와 잃어버린 아이들을 위해 일어선다면 북한의 굳게 닫힌 문은 반드시 열릴 것이라는 희망을 가져 본다.

자정 가까워질 무렵 모임이 끝나고 화려한 마천루를 자랑하는 LA를 뒤로 한 채 집으로 향했다. 오렌지카운티에 다다를 무렵, 힐스에서 내려다 보이는 무수하게 많은 불빛들이 수평으로 펼쳐져 반짝이는 모습은 정말로 아름다웠다. 수많은 불빛 아래 살아가고 있는 그만큼 수많은 이들이 오늘 밤에도 행복하기를….

LA 다운타운의 대한항공 빌딩(좌)과 고층 빌딩이 어우러진 야경(우)

어느 커뮤니티나 마찬가지겠지만 오렌지카운티에도 다양한 몰이 있다. 그리고 그 주변에는 매우 큰 주차장이 있다. 처음엔 끝이 안보이는 야외 주차장을 보며, 차를 주차하고 이것저것 먹거리를 골라 먹으며 잠시 쉼을 누렸던 한국의 고속도로 휴게소 같다는 생각을 했다. 주차 빌딩이 있는 경우도 있지만 보통은 거대한 야외 주차장에 주차를 하고 쇼핑을 한다.

몰에는 기본적으로 주유소와 맥도날드, 스타벅스가 마치 삼각형을 이루듯 자리 잡고 있다. 맥도날드는 KFC, 엘뽀요로코Ellpoyo loco, 칙필라Chick-fila, 인앤아웃In-N-Out, 잭인더박스Jack in the Box, 델타코Deltaco, 버거킹Burger King, 해빗Habit 등의 패스트푸드점으로 대체될 수 있다. 스타벅스 대신에 가끔 커피 빈이 있기도 하지만 스타벅스가 월등히 많다.

오렌지카운티는 자동차가 없이는 일상생활이 어려운 지역이다. 성인 4인 가족이 사는 집이라면 차가 4대 있을 가능성이 높다. 버스가 있긴 하지만 정류장은 눈에 잘 띄지 않고 버스가 도착하는 시간도 일정치 않다. 어떤 곳은 벤치만 놓여 있거나 팻말만 꽂혀 있기도 하다. 앞에서 이야기했던 MIT에서 공부하는 후배가 방문했을 때, USC(University of Southern California)에 머물며 부에나 파크까지 버스를 타고 다녔다. 정류장이 많아서 2시간도 넘게 걸리는 길이었다. 한번은 함께 서서 버스를 기다렸는데 대만 빵집 85°C에서 산 커피를 다 마시고 나서도 한참이 지난 후에야 버스가 도착해 목적지에 내려서 이미 어두워진 길을 걸어가야 할 후배를 걱정했던 기억이 있다. 그래도 버스 정류장은 해변이나 몰, 관공서와 교회 등 중요한 지점을 연결해 주고 있어서 차가 없거나 운전이 어려운 많은 사람들의 소

헌팅턴 비치 근처의 몰

라 하브라 몰의 저녁

고속도로 휴게소처럼 펼쳐져 있는 라 미라다의 몰과 넓은 주차장의 새벽 무렵

눈에 잘 띄지 않는 버스 정류장과 도착 시간을 잘 알 수 없는 버스

CYCLONE

라구나 니구엘 지역의 몰과 주차장

중한 발이 되어 주고 있다. 언젠가 멕시코에서 불법으로 국경을 넘어 미국에 살고 있는 엄마를 찾아오는 소년에 대한 영화를 본 적이 있다. 차 밑을 개조해 숨어서 국경을 넘는 장면에서는 나도 모르게 숨을 죽이며 영화에 몰입했다. 이 영화의 배경으로 엄마가 버스를 기다리는 장면이 많이 나왔는데, 오렌지카운티에서 버스 노선과 버스를 타고 바라보는 풍경은 또 다른 이야기를 해 줄 것이다.

캘리포니아는 미국 최대 자동차 시장으로 유명하다. 오렌지카운티 역시 넓은 땅 때문인지 일상생활에서 자동차 없이 생활하기가 쉽지 않다. 그래서 곳곳에 자동차 딜러와 정비소, 다양한 관련 서비스 산업이 활발하다.

보통 주택가의 몰에는 주유소가 있는데, 운전하다 보면 손쉽게 찾을 수

아트 재료나 파티 준비 용품을 취급하는 마이클스(좌), 이탈리안 레스토랑 부카 헌팅턴 비치 지점(우)

있는 중요한 스팟이다. 주유소의 종류로는 아르코Arco, 셰브론Chevron, 76, 쉘Shell, 엑손모빌Exxon Mobil, 코스트코Costco, 샘스클럽Sam's Club 등 미국 전체에 퍼져 있는 프랜차이즈 업체부터 상대적으로 저가이면서 개인적으로 운영되는 맘앤팝Mom&Pop 주유소까지 다양하게 있어서 몇 블럭만 지나면 쉽게 기름을 넣을 수 있다.

규모가 더 큰 몰이라면 코스트코나 샘스클럽, 월마트Walmart, 알버트슨Altbertson, 타겟Target, 콜스Kohl's 같은 대형 마트와, 마이클스Michels(다양한 아트 재료나 파티 준비 용품)나 달러트리Dollertree(1달러 정도의 각종 소모품), 베드앤배스Bed & Bath(부엌이나 욕실 용품), 오피스디포Office Depot(사무 용품), 벌링턴Burlington(의류, 가방, 신발, 선물 용품 등), 홈디포Home Depot(집안과 마당에

브레아몰의 스타벅스(좌), 치즈케이크팩토리 레스토랑(중), 패럴스 아이스크림 전문 패밀리 레스토랑(우)

필요한 각종 용품) 등 보다 다양한 목적의 몰이 함께 있다. 그리고 중저가의 더 많은 종류의 패밀리 레스토랑인 애플비Apple Bee, 폴리파이Poly Pie, 아이합IHOP, 솔트앤페퍼Salt and Pepper, 올리브가든Olive Garden, 부카Buca, 그리고 이번 코로나 사태로 영구히 문을 닫은 샐러드 뷔페인 숩플랜테이션Soup Plantation 등이 함께 자리 잡는다.

규모면에서 더욱 커지면 미국의 주요 백화점들이 들어선다. 제이시페니Jacy Penny, 메이시스Macy's, 노드스트롬Nordstrom, 색스피프스애비뉴Saks Fifth Avenue 등이 회전목마나 관람차 같은 간단한 놀이 시설과 함께 어우러진다. 이러한 몰에는 좀 더 고급스러운 미국 패밀리 레스토랑인 치즈케이크팩토리Cheese Cake Factory, 비제이스BJ's, 클레임점퍼Claim Jumper 등과 친환경 유기농 마트 등이 자리 잡고 있다.

이처럼 오렌지카운티에는 약간의 법칙을 띠며 획일적이기까지 한 몰들이 존재한다. 실용주의 때문인지 건물의 외양은 화려하지 않으며 어떤 것은 창고 건물 같기도 하고, 아직 건축 중인 것처럼 보이기도 한다. 물론 내부 인테리어는 각 점포마다 아름답고 독특하게 꾸며져 있다. 서울에서 즐겼던 문화의 거리나 먹자골목 등은 찾아보기 어렵지만 심플하면서 예측 가능한 몰들이 때론 편안함을 주기도 한다.

오렌지카운티의 몰들이 조금은 획일적으로 보이는 것에는 여러 이유가 있지만, 몰 안에 있는 레스토랑들이 이미 여러 나라에서 익숙한 세계적인 글로벌 기업들이기 때문이기도 하다. 맥도날드, 스타벅스 등은 물론 미국에서는 손쉽게 선물로 주고 받는 플라스틱 기프트 카드의 브랜드 대부분도 세계적 프랜차이즈들로서 이름만으로도 신뢰를 받는 업체가 많다. 즉 신뢰를 바탕으로 대형 자본들이 작은 동네 몰에서부터 세계로 뻗어 나갔다고

사우스코스트플라자의 크리스마스 장식과 회전목마

사이프레스시에 있는 꽃집을 겸한 브런치 집. 차 향기와 꽃 향기가 어우러져 있다.

볼 수 있다. 때때로 꽃가게를 겸하는 독특한 찻집을 볼 수도 있지만, 오히려 꽃집조차 거대한 프랜차이즈 지점 안에서 판매되는 경우가 많다.

오렌지카운티의 아름다운 자연을 배경으로 서 있는 주택 단지들과 깨끗하게 단장된 도로 및 공원들은 삶의 장소로서 우리에게 윤택함을 가져다준다. 화려한 건물은 많지 않지만 한인들이 많이 살고 있는 풀러턴의 경우, 경찰서 건물이 1939년에 세워졌고, 이탈리아식 폭스Fox 영화관은 1924년에 만들어졌다. 큰 아이가 초등학교 3학년 때 학교에서 견학을 다녀온 헤리티지 하우스Heritage House는 1894년에 지어져 현재는 CSUF(풀러턴 대학)의 캠퍼스 안에 자리 잡고 있다. 가끔 가족 나들이를 가는 올드스파게티팩토리Old Spaghetti Factory 레스토랑은 1923년에 지어진 건물을 사용하고 있다. 이처럼 한인들이 많이 거주하고 있는 풀러턴에는 생각보다 유서 깊은 건축물들이 많아서 풀러턴 다운타운은 그 자체로 고풍스러운 역사 거리이며, 아름다운 조경과 유리 공예 같은 미술 작품들이 잘 어우러져 있다.

5. 트라이시티 코리아타운과 어바인

1900년대 초 대한제국 시기부터 시작된 로스앤젤레스로의 이주는 1930년대 650여 명이 야채나 과일을 배급하는 사업체와 교회, 식당 및 지역사회 단체를 설립하면서 확대되었다. 이후 LA는 한인들의 경제 중심지뿐 아니라 정치, 문화, 교육 및 종교 활동 등의 구심점이 되어 왔다. 한국에서 인기가 있는 제품이나 상점, 레스토랑 등은 LA 코리아타운으로 들어오고, LA에서 성공하면 오렌지카운티나 다른 주에 지점이 생기는 경우가 많다. 최근

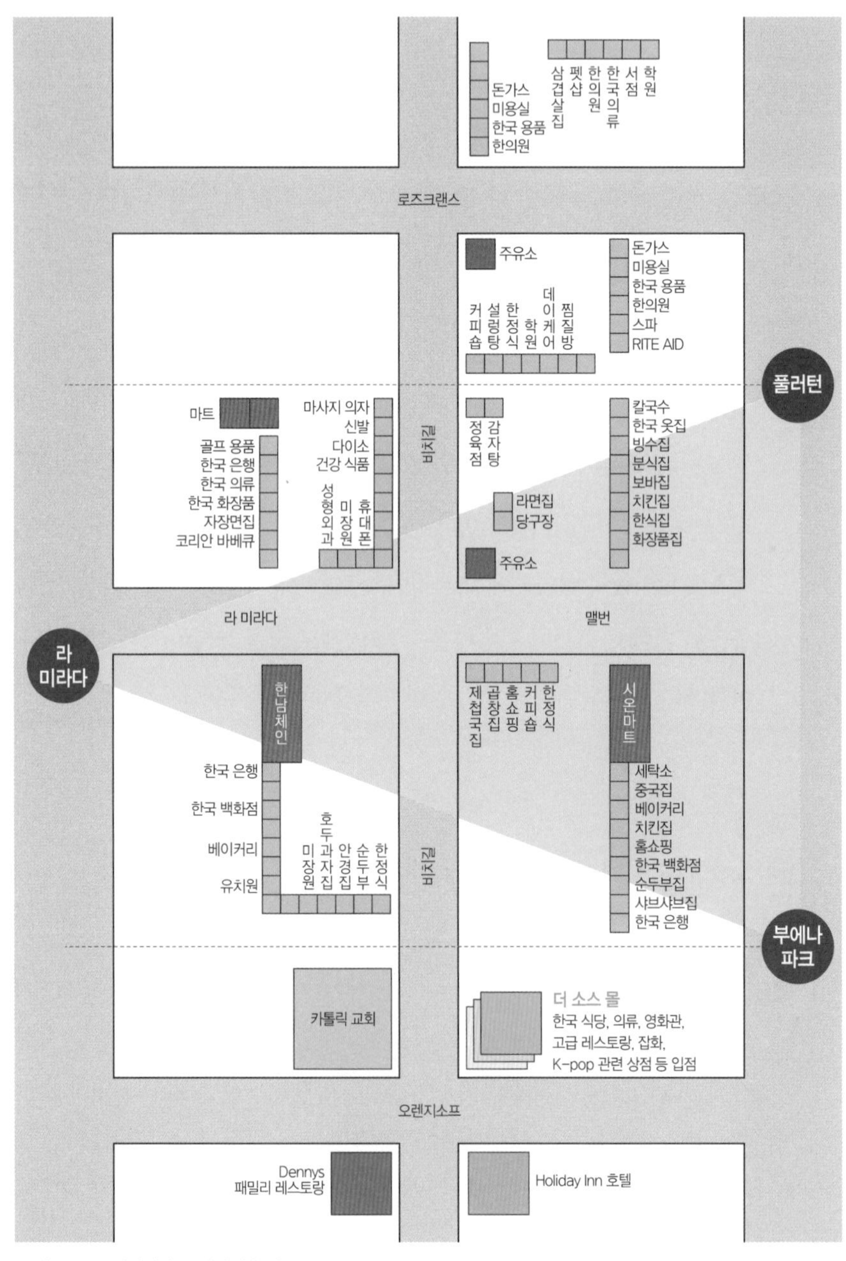

그림 4-3 트라이시티 코리아타운 지도

에는 한국에서 인기 있는 브랜드가 LA를 건너뛰고 바로 오렌지카운티부터 입점되는 경우도 많다고 한다.

LA 근교의 위성도시이자 주택 단지로서 오렌지카운티에는 이미 제2의 코리아타운이 형성되었다고 볼 수 있다. 1970년대부터 가든 그로브Garden Grove를 중심으로 불란서빵집, 독일제과 등과 순두부, 한정식 등 한인들의 비지니스가 활성화되었고, 제2의 코리아타운이라는 명성을 얻기도 했다. 하지만 학군이 상대적으로 좋지 않다는 한계가 있어 점차 '트라이시티 코리아타운'으로 중심지와 상권이 옮겨갔다고 할 수 있다. 트라이시티 코리아타운이란 풀러턴, 부에나 파크, 라 미라다 이렇게 3개의 시가 만나는 트라이

비치길의 더 소스 몰

시티 존을 중심으로 한인과 한인 비지니스, 한국 자본 등이 밀집하는 이른바 제2의 코리아타운이 형성되고 있는 곳으로, 가든 그로브 지역과 구분하기 위해 새롭게 붙인 한인 타운의 이름이다. 가든 그로브에는 지금도 오렌지카운티 한인회가 입지해 있으며, LA에 위치한 총영사관의 업무를 매주 금요일마다 보고 있어 상징적인 제2의 코리아타운이라 할 수 있다.

트라이시티 코리아타운에서 가장 상징적인 거리는 비치길Beach Boulevard이라고 할 수 있다. 출퇴근 시간에는 꽉 막히지만 비치길을 무작정 달리면 1번 퍼시픽 프리웨이Pacifict Freeway와 만나면서 헌팅턴 비치에서 바람을 쐴 수 있다. 가장 크고 번화한 길인 비치길을 중심으로 트라이시티 지점에서 한인 축제가 열리는데, 명실상부한 가장 큰 지역 축제라 할 수 있다. 또한 이 지점에는 3개의 대형 한인 마트가 몰려 있다. 처음 이 지역 한인들의 유일한 한국 마트였던 '한남체인'은 이후에 미국 대형 마트 랄프Ralph를 인수해 오픈한 시온 마트, 자동차 관리 공간이었던 곳을 인수한 H마트가 들어

풀러턴, 부에나 파크, 라 미라다가 만나는 트라이시티의 경관

오면서 파산하는 것이 아닐까 우려했지만 오히려 세 마트가 쉴새 없이 몰려오는 한인들로 인해 성황을 누리고 있다. 트라이시티를 중심으로 다양한 한국 음식점(순두부집, 고깃집, 분식집, 한정식집, 치킨집 등), 한국 베이커리(파리바게트, 뚜레주르, 호두과자집 등), 한국 옷집과 미장원, 세탁소, 한의원, 커피숍 등이 들어서 있다. '강호동백정', '새마을식당'과 같은 식당 브랜드뿐 아니라 '이가자' 같은 헤어샵 브랜드, '청담학원' 같은 한국 브랜드가 많이 유입되어 있다. 결국 한인 커뮤니티의 형성은 한인 비지니스의 활성화에 긍정적인 영향을 미치고 한국과 보다 밀접한 네트워크를 형성하게 된다. 실제로 미국 내 영구 거주자뿐만 아니라 주재원이나 연구원, 공무원, 유학생, 기러기 가족 등 다양한 한인들이 장·단기적으로 이곳 트라이시티를 중심으로 삶의 터전을 마련하고 있으며, 모국인 한국과 끊임없이 교류하고 있다.

최근 비치길과 오렌지소프Orangethorp길에 들어선 더 소스The Souce 몰 또한 제2의 코리아타운 형성에 박차를 가하고 있다. 더 소스 몰에는 100여 개

의 한인 업체들이 입주해 있으며, CGV 영화관을 비롯한 야외 공연장과 키즈 카페, 다양한 레스토랑과 푸드코트가 있어 한인뿐 아니라 다양한 인종의 사람들이 즐겨 찾는 지역 상징물이 되어 가고 있다. 때로는 타민족의 공연이 열리기도 하고 K-pop 공연이나 다양한 경연대회가 마련된다.

한국 자본이 유입되기도 하고 투자 비자(E2)를 받거나 투자 이민(EB-5)을 오는 경우, 새로운 코리아타운으로 성장하고 있는 트라이시티 지역과 더 소스 몰 등에 학원이나 레스토랑을 열기도 한다. 더 소스 몰을 지나면 코리아 타운을 벗어나 주류 사회 공간으로 다시 연결된다. 놀이 동산인 나츠베리 팜Knott's Berry Farm과 중세 시대 성처럼 꾸며 놓은 레스토랑(Medieval

더 소스 몰을 지나 헌팅턴 비치까지 연결되는 비치길의 나츠베리 팜(좌), 레스토랑들과 팜트리(우)

Times Dinner & Tournament)과 포르토스 베이커리 카페Porto's Bakery and Café, 블랙 앵거스 스테이크하우스Black Angus Steakhouse, 그리고 수없이 다양한 패밀리 레스토랑과 커피숍, 상점들을 지나 헌팅턴 비치까지 연결된다.

세 시의 중심에는 풀러턴시가 있다고 할 수 있다. 풀러턴은 좋은 교육 환경과 안전하고 쾌적한 주거 환경을 갖추고 있으며, 상당수의 한인들이 밀집해서 살고 있다. 또한 풀러턴의 동쪽으로는 플라센티아Placentia시와 브레아Brea시와 접하고 있는데, 이곳은 상대적으로 한인이 많지 않고 백인 커뮤니티와 미국 주류 교회가 입지해 있는 지역으로, 풀러턴이 한인 커뮤니티로서 뿐 아니라 미국 주류 커뮤니티로서의 지역성도 유지하고 있음을 알

머켄텔러 미술관

수 있다. 또한 한인들은 점차 플라센티아, 브레아, 요바 린다Yorba Linda 쪽으로 주거 지역을 확대해 간다고 할 수 있다.

맬번Malvern길 끝자락에는 1923년에 지어진 저택을 지역사회를 위한 미술관으로 개조한 머켄텔러 미술관(The MUCK, Muckenthaler)이 있다. 저택을 둘러싸고 작은 공연장과 야외 결혼식장, 도자기 굽는 가마가 있고, 내부는 작은 교실들과 전시장으로 만들어서 각 시즌에 맞추어 다양한 공연과 미술 작품 전시가 이루어진다. 특별히 한국의 한지 공예와 전통 도자기를 만드는 클래스가 열리기도 하고, 국악이나 한국 전통 무용을 공연하기도 한다. 초등학교 아이들을 위한 도자기 수업과 주얼리 만드는 수업, 수채화 수업 등이 열려서 유익한 체험의 장이 되어 준다. 미술관 옆으로는 더 브랜치The Branch라는 빨간 벽돌로 만들어진 백인 중심의 교회가 전통적인 스테인드글라스 장식을 유지하면서 작은 언덕에 자리 잡고 있다. 비교적 역사 깊은 이 두 건물을 지나면 길 이름이 채프먼Chapman으로 바뀌면서 올드 풀러턴의 역사 거리가 시작된다. 기차역을 끼고 빨간 벽돌로 만들어진 스파게티 팩토리 레스토랑, 오래된 나무들이 거리를 운치 있게 만들고, 개성 있는 옷가게들과 뷰티샵들, 프랜차이즈가 아닌 고유한 레스토랑과 핸드드립 커피숍 등이 자리 잡고 있다. 특히 풀러턴 컬리지의 강당과 결혼식장 등이 세월의 흔적을 담은 채 소박하지만 꽤 웅장한 규모로 자리 잡고 있다.

풀러턴시는 어바인시와 함께 한국 사람들의 선호도가 높아 그만큼 많이 모여 살고 있는 곳이고, 대치동의 학구열에 버금갈 정도로 교육 열기도 가득하다. 풀러턴시에는 미국에서 가장 우수한 고등학교 순위 10위 안에 들었던 트로이Troy고등학교와 이에 버금가는 서니힐스Sunny Hills고등학교가 위치하고 있다.

라구나로드초등학교 앞의 아름드리 나무(상)와 인공 눈썰매장(하)

그 외에도 오렌지카운티의 여러 시에는 한인들이 선호하는 우수 고등학교들이 많아 명실상부한 교육 도시로서의 면모를 자랑하고 있다. 애너하임 유니온스쿨 디스트릭트에 옥스퍼드 아카데미Oxford Academy, 플라센티아시의 발렌시아Valencia고등학교와 엘도라도El Dorado고등학교, 브레아시의 올린다Olinda고등학교, 요바 린다시의 요바린다고등학교, 터스틴시의 아놀드벡맨Arnold O. Beckman고등학교, 어바인시의 유니버시티University고등학교, 노스우드Northwood고등학교 등이 한인 학생들이 많이 다니고 있는 대표적 명문 고등학교라 할 수 있다. 물론 그 밖에 한인들이 많지 않은 오렌지카운티의 여러 시에도 미국에서 100위 안에 드는 명문 고등학교들이 많이 있다. 각 시마다 지역사회를 이끌 인재를 양성하는 컬리지가 있고, 한인들의 국민 대학이라 할 수 있는 풀러턴대학교는 교육학 쪽으로 우수한 평가를 받고 있다.

다시 풀러턴의 초등학교로 가 보자. 풀러턴에는 총 15개의 초등학교가 있는데 그 가운데 휘슬러Fisler초등학교는 한 반의 거의 대부분의 아이들이 한국 학생으로 구성된 경우가 있을 정도로 한인 학생 비율이 높다. 라구나 로드 초등학교도 한인 비율이 높은 편인데, 백인 아이가 자기의 금발 머리를 까맣게 물들여 달라고 떼를 썼다는 얘기를 들은 적도 있다. 그 외에도 한인 부모들이 선호하는 선셋레인Sunset Lane초등학교, 비치우드Beechwood 초·중등학교 등이 있고, 상대적으로 한인들이 많지는 않지만 좋은 교육 환경을 자랑하는 펀드라이브Fern Drive초등학교, 골든힐Golden Hill초등학교, 아카시아Acacia초등학교, 허모사드라이브Hermosa Drive초등학교 등이 풀러턴에 밀집해 있다. 때로는 자녀의 학업에 대한 지나친 염려나 과도한 사교육으로 눈살을 찌푸리게 하는 경우도 있지만, 세상에 완벽한 부모나 완벽한 학교는 없다는 것을 인정하며 조금 더 열린 마음을 가져야 할 것 같다.

어려서부터 다양한 인종의 아이들과 섞여서 경쟁하며 자라나는 아이들이 건강한 한민족의 뿌리 의식을 갖고 당당하게 세계 시민으로 성장하도록 믿음으로 지원해 주는 것이 중요할 것이다. 부모는 자녀에게 자유롭게 날 수 있는 날개와 다시 돌아와 쉴 수 있는 둥지를 마련해 주어야 한다는 말이 있다. 앞서 3장에서 언급했던 것처럼 부모 세대와 자녀 세대 간의 갈등은 코리아타운이라는 제한된 공간 안에서 이민 1세와 2세 사이의 갈등으로 표출될 수 있다. 건강한 관계를 형성하기 위해서는 어려서부터 자녀의 생각이나 의지를 존중하고 있는 그대로 사랑해야 할 필요가 있다. 풀러턴은 오렌지카운티의 한인들에게 상징적인 한인 커뮤니티로 각인되어 있는데, 그 이미지가 아름다운 한인들의 아름다운 마을로 새겨지길 기대해 본다.

어바인 스펙트럼 쇼핑몰에 있는 대회전식 관람차

사우스 코스트 플라자에 있는 레네 & 헨리 제게르슈트롬 콘서트 홀

아름다운 한인들이 살아가는 아름다운 곳

오렌지카운티에서 한인들이 많이 거주하는 지역 중에 어바인을 빼 놓을 수 없다. 어바인은 한국의 강남처럼 거대한 대지를 꽤 규모 있게 구획하여 세련되고 고급스러운 주택 단지를 조성했다. 어바인 스펙트럼Irvine Spectrum이라는 쇼핑몰과 명품샵들이 있으며, 명문 대학인 UC어바인이 위치해 있다. 어바인과 접해 있는 주변 시에는 패션 아일랜드Fashion Island(뉴포트 비치), 사우스 코스트 플라자South Coast Plaza(코스타 메사)와 같은 고급 쇼핑몰들이 연계되어 있다. 코스타 메사시에는 예술과 음악의 성지 같은 제게르슈트롬 예술센터Segerstrom Center for the Art가 있고 특별히 레네 & 헨리 제게르슈트롬 콘서트홀Renee and Henry Segerstrom Concert Hall은 그 위상이 드높다. 부동산 가격과 세금 비율이 높아 진입 장벽이 높지만, 편의 시설과 어메니티amenity, 교육 환경이 좋아서 매우 인기 있는 지역이다. 한국의 유명 연예인들과 스포츠 선수들이 거주하는 경우가 많고, 아시안의 비율이 높아 학구열도 매우 높다. 기아자동차, 현대캐피탈과 같은 굵직한 한국 기업의 빌딩들이 자리 잡은 모습을 보면 무언가 뿌듯함이 마음을 채우는 듯하다.

트라이시티 지역과 더 소스를 중심으로 한 트라이시티 코리아타운, 그리고 풀러턴시와 어바인시는 오렌지카운티의 중요한 한인 밀집 지역이다. 이 지역들을 얼마나 한인들의 정체성을 담은 커뮤니티로 발전시켜 나갈 것인지가 한인 사회의 당면 과제라 할 수 있다. 특별히 중국의 인구력과 거대 자본에 밀리지 않는 아름다운 한인들이 살아가는 아름다운 곳이 되기를 기대해 본다. 한류와 K-pop 등으로 한인의 긍정적 이미지가 부각되고 있는 요즘, 한인 커뮤니티와 경제도 함께 발전할 가능성이 크다고 할 수 있다.

glub
glub
moo
X
Y

제5장

실존 공간으로서의 집

누구나 인간은 세월이 지남에 따라 존재의 출발이 되는 집에서 집 앞의 놀이터, 동네와 마을, 시, 카운티, 주 그리고 국가, 세계로 삶의 반경이 확장되어 간다. 어쩌면 사람에게 가장 의미 있는 장소라는 것은 아주 구체적이고 작은 곳일 수 있다. 사람을 지탱해 주는 힘은 사랑으로 어우러진 장소에 대한 기억일지도 모른다. 사랑하는 사람이 있다는 것 못지않게 사랑하는 장소가 있다는 것은 존재를 든든히 세워 주는 버팀목이 된다. 특별히 이민자들은 편안한 휴식과 활력을 주는 장소를 하나씩 하나씩 더해 가야 한다. 부모와 형제, 친구, 그리고 익숙한 장소를 떠나 낯선 땅에 이주해 온 이상, 진정으로 사랑하는 장소를 찾는 것이 미국 사회에 적응하는 데 큰 도움이 될 것이다. 그만큼 자신이 사랑하는 장소 속에서 일상의 행복 또한 쌓여 갈 것이기 때문이다.

저녁 산책을 마치고 집으로 걸어 오던 길에 저녁을 준비하는 어느 집에서 맛스런 냄새가 퍼져 오고, 하나 둘씩 켜지는 거실 조명의 불빛들은 창가의 커튼 사이로 은은하게 새어나온다. 누군가 기다려 주는 사람이 있다는 것은 분명 행복한 일일 것이다. 인생을 살면서 때론 긴 줄에 서서 차례를 기다리다 정작 내 차례가 되었을 때에는 다시 새로운 다른 줄을 서야만 하는 기분이 들 때가 있다. 나는 이제 누군가를 기다리고 챙겨야 하는 '엄마'와 '아내'가 되어 때론 지친 모습으로, 때론 감사하는 마음으로 발걸음을 내딛는다.

이번 5장에서는 실존 공간으로서의 집이라는 의미에 대해 살펴보려 한다. 첫 번째로 실존 공간으로서의 집에 대한 고찰을 하고, 두 번째로 미국 할머니들의 집에 대한 애착에 대하여, 그리고 세 번째로 실존주의적 관점에서의 삶과 죽음의 세레모니라는 주제로 오렌지카운티에서의 삶을 잔잔히 나누려고 한다.

한적한 주택가의 해질 무렵_오렌지카운티의 대표적 저녁 이미지가 아닐까?

1. 치료하는 실존 공간으로서의 집

집이란 한 존재가 태어나고 생을 마감하는, 인간에게 가장 유의미한 장소이자 삶을 지탱하는 물리적, 정신적 보호 구역이다. 인간은 자신의 집과 고향을 세계의 중심으로 간주하는 경향이 있다. 따라서 집은 우주 구조의 초점이 되며, 인간은 집에 최상의 가치를 둔다(투안, 1977). 렐프Edward Relph(1976)는 가정으로서의 집을 인간 실존의 중심적 근거로 보았다. 즉 집을 실존과 개인의 정체성을 중심으로 세계관을 다시 세우는 근간으로 보았다. 하이데거(1971)도 집에서 거주하는 것을 인간 실존의 본질이자 기본적인 특성이라고 밝힌 바 있다. 슐츠Schulz(1967)는 자신이 살아가는 장소란 결국 '집'으로서의 의미를 가지고 있다고 했다.

인간의 어떤 대상에 대한 의식의 본질을 지향하는 실존 철학과, 그러한 개인의 주관성을 넘어 인간과 세계와의 본질적 존재 구조를 밝히고자 하는 현상학적 관점에서 보면, 결국 삶 전체가 집에서 시작되고 집에서 마감된다고 할 수 있다. 우리가 태어나 자라고 죽음으로 완결되는 일상 세계는 나와 타자의 상호 주관성을 이해하는 사회적 세계와 연결되어 해석되어야 한다. 인간은 결국 내면에 집중하는 고독한 자아와, 나와 다른 타인을 이해하고 연합하는 사회적 자아를 통합하면서 정체성을 형성해 간다고 할 수 있기 때문이다. 특히 요즘같이 코로나 바이러스로 인한 이동 제재로 인해 집에만 머물러야 하는 시기에는 존재 가치를 뿌리 깊은 가족과의 사랑에서 찾아야 하고, 나아가 고통을 함께 나누고 있는 타인에 대한 배려와 함께 연결을 지속해야 한다. 왜냐하면 인간은 폐기 처분되는 존재가 아니기 때문이다. 이 땅에서의 삶 가운데 우리의 육신은 소진되어 가지만 우리의 내면은 더욱 성숙하고 성장해 간다고 믿는다. 우리는 쓸모 없다고 내쳐지는 존재가 아니라 그저 존재 자체로 소중하다는 것을 잊지 말아야 한다.

유럽에 흑사병이 유행했던 14세기에는 병든 사람들과 집 그리고 마을을 버리고 도망가는 것이 최선의 방책이었지만, 21세기의 코로나로 인한 팬데믹 사태에는 온 세계가 이동 제재를 하며 집에 머물 것을 호소하고 있으며, 마스크와 비대면을 최선의 노력으로 보고 있다. 집은 직장인 동시에 학교이고 도서관이며 레저의 공간이 되었다. 꼭 집이 넓어야 한다는 의미가 아니라 집이라는 장소가 가정을 넘어 그 자체로 세계와 연결되어 수없이 다

코로나 바이러스로 인해 출입 금지된 랄프 클라크 공원의 놀이터와 라구나 비치

양한 기능을 대신 담당하게 되었다는 뜻이다. 획기적으로 늘어났던 공유 공간에 대한 개념과 사용 권리 등에 대한 논의가 머리를 들고 있다. 잠시 록다운을 해지했던 오렌지카운티의 몇몇 해변가에는 사람들이 몰려들어 다시 금지되었고, 동네 놀이터는 여전히 오렌지색 망이 씌여진 채 노란색 테이프로 감겨 있다. 공원 입구도 차량의 진입을 막기 위해 펜스가 철줄로 감겨 있는 상태이다.

해변과 공원, 누구에게나 열린 공간, 그래서 늘 그 자리에 있기에 언제든 찾을 수 있을 것이라 생각했던 그곳이 사실은 수많은 어떤 요소들이 맞아야 열릴 수 있는 곳임을 새삼 깨닫게 된다. 공유 사무실 위워크Wework나 숙박 공유 에어비앤비, 공유 경제의 대표적 상징인 우버 등은 셧다운되거나 감원, 감축 등 코로나 사태로 어려움을 겪고 있다. 그 외에도 크고 작은 공유 부엌, 공유 주택, 밀폐된 장소인 각종 문화 시설 및 편의 시설 등에서도 회의감을 일으킨다. 코로나 사태로 "다른 사람과 같이 나눠 쓰는 것은 싫다"[1]는 콘셉트는 결국 실존 공간으로서의 집의 중요성을 다시 부각시킨다. 마치 교통이 발전하지 않았던 시대로 다시 돌아가는 것 같다고나 할까? 물론 줌Zoom이나 라이브톡Live Tak, 각종 SNS의 라이브 스트리밍 등을 이용한 실시간 온라인 미팅과 홀로그램과 같은 테크놀로지가 사람들을 빠르게 연결시키고는 있지만, 코로나 이후에도 결국 이전으로 돌아갈 수 없는 언컨택트uncontact의 뉴 노멀new nomal에 적응해야 할 것이다.

또 다른 관점에서 집이라는 공간은 '치료하는 정원'이 될 수 있다. 마르쿠스Marcus(1999)는 긍정적 환경과 웰빙 사이에 정적 관계를 밝히며 장소를 치

1) 한국경제 2020. 4. 20일자 신문

료 과정의 일부분으로 해석했다. 벡Ulrich Beck(1992) 교수도 주변 환경을 친환경적으로 디자인할 때, 스트레스를 완화시키고 통제 능력과 운동 능력을 높일 수 있다고 했다. 요즘에는 정리 수납이나 청소 전문가들이 많이 생기고 있는데, 이는 현대인이 정리를 못해서 생기는 스트레스가 얼마나 큰지를 잘 보여 준다. 코펠라와 엘른Korpela & Ylen(2007)도 좋아하는 장소를 방문하는 것이 부정적 감정과 스트레스를 다스리는 데 도움을 준다고 밝혔다.

실존이 드러나는 차가운 공간으로서의 집

집을 치료하는 정원으로서의 관점에서 보면 점점 길어지고 있는 팬데믹 기간은 잔인할 만큼 빈부의 차를 느끼게 할 수 있다. 학교에서 선생님이 집에서 과제를 해서 온라인으로 제출하라고 했지만 아이의 집은 다섯 아이가 함께 지내는 어두운 단칸방이었던 풍자 그림을 보았다.

온라인 수업을 듣고 과제를 제출하기에는 열악한 집의 모습(출처: The Elephant in the Room 페이스북 페이지)

오렌지카운티에는 일류 호텔의 로비보다 아름답게 꾸며진 집들이 많다. 집안에 극장이 있거나 골프 코스, 농구장, 테니스장, 수영장은 물론, 말을 키우는 공간이 따로 있는 집에서 사는 아이들도 있다. 그러한 차이가 집을 실존주의적 관점으로만 해석할 수 없는 한계인 것 같다.

캘리포니아에 록다운과 집에서 스스로 격리하는 행정명령이 열 달 넘게 실시되고 있다. 오렌지카운티에서는 아직 산책은 할 수 있다. 동네를 돌다 보면 푸른 하늘과 팜트리, 소나무들, 파피꽃들과 장미꽃들은 여전히 아름답다. 햇빛은 몸과 마음의 좋은 치료제라고 생각했는데 얼마 전에 비가 내리는 것을 보니까 비도 참 좋은 치료제라는 생각이 든다. 그러고 보니 좋은 음악도, 눈길을 머무르게 하는 맑은 그림도, 환하게 전해 주는 미소도, 세상엔 참 많은 치료제가 있는 것 같다.

율라 비스Eula Biss는 '우리는 서로의 환경'이라고 했다. 사람보다 더 중요한 환경은 없을 것이다. 사람을 빛나게도 하고 죽고 싶게 만들 수도 있는 것이 사람이기 때문이다. 가족이 서로를 있는 그대로 용납하고 사랑으로 보듬는다면, 이웃들이 서로를 돌아보며 손을 내민다면, 물리적 수준에 상관없이 행복을 지킬 수 있을 것이라고 나는 믿는다. 홈리스 고등학생이었지만 하버드대학에 가 연설을 한 학생도 있다. 열악한 환경은 때때로 인간을 더욱 강하게 하여 영웅을 만들기도 한다. 인간에게 무엇이 유익한지 쉽게 정의할 수는 없지만, 우리는 서로에게 보다 좋은 환경을 만들어 주기 위한 노력을 멈추지 않아야 한다. 신선한 공기를 마시며 심호흡을 크게 해야겠다. 그리고 오늘도 웃으며 주변을 한번 더 살피며 출발해야겠다.

2. 오렌지카운티에서의 삶의 공간 계층성

오렌지카운티의 집들을 사회지리학적 관점에서 살펴보고자 한다. 어떠한 통계나 빅데이터를 제시하는 것은 아니지만, 인문지리학자로서 10년 넘게 한 지역에 살면서 느끼고 눈에 밟혔던 부분들을 함께 나누려 한다. 앞서 기술했던 실존주의적 관점에서 바라보았던 집에 대한 고찰과 자연스럽게 연결된다고 할 수 있다.

실존주의적 관점에서 집과 부동산이란 말은 사뭇 다르게 와닿는다. 딴생각을 하다가 '땡!' 하는 종소리를 들은 것처럼, 착한 줄만 알았던 친구가 어느날 내게 독한 말을 하듯 말이다. 부동산으로서 집은 필요에 의해 소유하고 지속적으로 사용하지만 보통 물건들과는 다르게 일반적으로 시간이 지나도 닳아 없어지는 것이 아니라 오히려 가치가 상승하는 자산이다. 즉 집이란 정서적 측면뿐 아니라 개인의 경제적 측면에서도 매우 중요한 의미를 갖는 공간이라 할 수 있다. 한국 뉴스를 통해 부동산과 관련해 정치인이나 공무원들에게 1가구 1주택을 장려하고, 두 번째 집은 팔도록 유도하는 것을 보았다.

한국과 미국은 정서적 측면과 경제, 사회, 자연, 인구 등 모든 조건이 다르지만 인간이 살아가기 위해 꼭 필요한 의식수 중의 하나로서 주택에 대한 정책과 제도의 중요함은 다를 바가 없다. 한국과 마찬가지로 이곳에도 학군에 따른 집값의 차이가 존재한다. 어바인과 풀러턴, 로스 알라미토스Los Alamitos, 로즈모어Rossmore 등은 주변의 시들과 비교해 몇 블럭 차이임에도 불구하고 주택 가격이 확연하게 높아지는 것을 확인할 수 있다.

한국은 주거 형태가 월세, 전세, 자가로 구분되지만, 이곳에는 전세는 없고 월세와 자가만 있기 때문에 모기지론을 받아서 집을 구입하고 월세처럼 다달이 모기지론을 갚아 가는 경우가 많다. 하지만 오렌지카운티에서는 일반적으로 주택 담보 대출이라는 것이 없고, 오로지 집을 사려는 사람의 신용(연봉과 납세한 세금 기준)만을 보고 대출해 주기 때문에 은행마다 모기지론을 받기 위한 조건은 상당히 까다롭다.

부동산 재산세는 집 가격의 1%로, 오렌지카운티의 평균인 70만 달러일 경우 세금이 연 7,000달러에 달해 적지 않은 부담으로 다가온다. 집을 선택할 때에는 물론 직장과 가까운 곳을 선택하는 것이 우선이지만 학군도 중요하게 고려한다. 집을 마련하기 위해서 저축한 돈이 많거나 연봉이 높은 사람들은 대출을 받기 쉽지만 아이러니하게도 모아 놓은 돈이 없고 직장도 변변치 않아 연봉이 일정 기준을 넘지 못하면 집을 구할 돈을 대출하기가 쉽지 않다. 은행은 자금이 부족해서 필요한 사람에게 돈을 빌려 주는 곳이 아니라, 돈이 많거나 돈을 많이 벌고 있는 사람들을 위해서 대출을 해 주는 곳 같다. 갚을 능력이 없는 사람들에게 돈을 빌려 주면 투자은행도 함께 쓰러질 수 있다는 서브프라임 모기지 사태의 아픈 기억을 잊지 않고 있을 것이다.

집이라는 신기루 같은 공간과 자산

특정 인종의 집중이나 학군에 따른 지역적 차이와 거주하고 있는 집의 형태에 따라 경제적 수준을 짐작해 볼 수 있다.

이곳 집들의 종류는 크게 아파트, 콘도, 타운 하우스, 싱글 홈, 이렇게 4가지로 나눌 수 있다. 일반적으로 아파트는 1, 2층에 각각 다른 사람들이 살고 있고, 각 가구의 현관이 서로 매우 가깝다. 한국의 고층 아파트와는 달리 이곳 오렌지카운티의 아파트는 주로 2층 짜리가 대부분이고 다운타운으로 가야만 고층 아파트를 볼 수 있다. 아파트는 일반 가정은 물론 취업을 위한 젊은이들이나 대학생, 이사를 앞두고 임시 거주하는 경우, 처음 이민 왔거나 연수 등 단기 체류로 온 경우에 많이 거주한다. 실제로 아파트는 단지 전체 소유주가 따로 있어서 개인이 소유할 수 없고 렌트만 가능해서 임시 주거로서의 기능도 담당하는 것이다. 몇몇 특별한 목적을 위해 지어진 아파트는 분양을 통해 개인이 소유할 수 있는데, 노인 아파트가 대표적인 사례이다. 풀러턴 지역은 좋은 교육 환경으로 잘 알려져 있지만, 동시에 쾌적한 노

풀러턴시에 새로 지어지는 고급 노인 아파트(좌), 학교와 가까운 일반 아파트(우)

인 아파트와 시니어 단지도 꽤 많이 조성되어 있다. 바닷가와 가까운 실비치Seal Beach시의 실버타운은 한인 사회에서 유명한 노인 주거 지역이다. 오렌지카운티에는 호텔 같은 고급 아파트도 생기고 있기는 하지만, 상대적으로 아파트는 저가의 소규모 주거 형태라 할 수 있다.

일반적으로 아파트에 사는 사람들은 콘도나 타운 하우스로 이사 가길 바란다. 아이가 뛰어도 아래층에 사는 사람이 천장을 치거나 만나서 불만을 토로하지 않도록 말이다. 한국에서도 층간 소음 문제로 가끔 불미스러운 일들이 발생하지만, 이곳의 집들도 나무로 지어져 층간 소음이 심한 집들이 많아 걷기만 해도 삐그덕거리는 소리가 들리기도 한다. 그리고 보통 아파트는 주차장이 멀리 떨어져 있는 반면 일반 주택에는 집에 주차장이 딸려 있어서 생활하기가 보다 편리한 점도 일반 주택을 선호하는 데 한몫 한다.

콘도나 타운 하우스는 타운을 형성하고 있는데 주택소유자협회(HOA,

풀러턴시의 타운 하우스_서니리지길(좌), 아이다호길(우)

Home Owner's Association)에서 제3기관과 계약하여 타운의 운영을 맡긴다. 다달이 부과되는 관리비로 쓰레기 처리, 잔디와 조경 관리, 수영장 관리, 지붕과 페리오, 각종 페인트, 흰개미 관리 등 단지의 전반적인 보수와 안전, 미관 등을 책임지게 된다. 창문이나 문, 마당 등도 HOA의 허가를 받아야 고칠 수 있다. 일반적으로 HOA의 관리비는 작게는 150달러 정도에서 보통 300~400달러 정도인데 반해, 어바인의 고층 아파트의 경우에는 매달 1,000달러를 훌쩍 넘기기도 한다.

그리고 한국과는 다르게 모빌 홈mobile home 단지가 있다. 모빌 홈은 DMV(Department of Motor Vehicles)에서 관리하고 땅만 대여한 것으로 보기 때문에 재산세를 내지 않고 땅에 대한 렌트비만 내게 된다. 시니어 단지도 있고 일반 단지도 있는데 상대적으로 가격이 높지 않아서 최근에는 어린 아이들이 있는 집에서 층간 소음을 걱정하는 아파트보다 자유롭게 뛰어놀

모빌 홈 시니어 단지

풀러턴시와 부에나 파크시의 싱글 홈들

수 있는 모빌 홈을 선택하는 경우가 종종 있다. 땅을 파고 고정시킨 집이 아니라 터 위에 보다 간단한 형태로 만들어진 집인데, 땅이 넓은 미국에서는 쉽게 단지를 형성하여 보다 많은 집들을 분양하고 있다. 특별히 텃밭과 정원을 꾸밀 수 있어서 시니어 단지에서는 다양한 채소와 과일 나무들을 쉽게 볼 수 있다.

시간이 좀 더 지나면 콘도나 타운 하우스에서 싱글 홈으로 이사가는 것이 꿈이 되기도 한다. 옆집과 벽을 맞대지 않은 좀 더 독립되고 자신의 개성을 자유롭게 발휘할 수 있는 곳에서 살고 싶기 때문일 것이다. 싱글 홈에서는 모든 것을 집 주인의 선택과 취향에 따라 꾸밀 수 있다. 특히 요즘과 같은 팬데믹 기간에는 단독주택을 찾는 현상이 늘고 있다. 더불어 낮은 이자율로 인해 부동산 가격은 지속적으로 상승하고 있다. 체육관과 수영장이 문을 닫은 지 6개월이 넘어가면서 오렌지카운티의 타들어가는 듯한 뜨거운 여름 날씨를 식혀 줄 수영장이 딸린 집들의 인기가 높아지고 있다. 미국에서 친하게 지내는 친구는 요즘 뒷마당을 파고 수영장을 만드는 공사를 진행하고 있는데, 공사가 더뎌 여름이 다 지나가겠다며 걱정하기도 한다. 분명 팬데믹으로 인한 실업과 수입의 감소로 인해 모기지 페이먼트를 내지 못하는 사람들도 많을텐데…. 부동산 가격 상승이 단기적 현상일지 모르지만 록다운과 자가 격리의 시간을 보내며 삶의 공간으로서 집의 중요성이 더욱 더 커지고 있는 것은 새로운 트렌드이기도 하다.

그리고 싱글 홈에서 살다 보면 평수를 점점 넓혀 가거나 좀 더 전망이 좋은 곳으로 이사 가기를 바랄 것이다. 언젠가 숭실사이버대학교의 이호선 교수가 강연에서 자신이 결혼 후에 아파트 평수를 넓혀 갔던 이야기를 재미있게 풀어 낸 기억이 난다. 처음에는 운동장만 했던 집이 살다 보면 좁게 느껴진다고 해서 웃었던 적이 있는데 오렌지카운티에 사는 사람들 역시 비슷한 과정을 겪는 것 같다. 집을 넓혀 간다는 것은 결혼이란 제도를 통해 가정을 이룬 사람들이 빠져나올 수 없는 신기루 같기도 하다. 기억할 것은 어떤 집으로 이사를 간다 해도 그 만족감이 한없이 지속될 수는 없다는 것이다. 사람은 누구나 집의 크고 작음과 상관 없이 어느 순간 다시 새로운 공간을 꿈꾸게 되는 것 같다. 가끔 나도 모르게 찾아오는 비교 의식에 갇혀 그런 신기루에서 허우적댈 때면 인생은 단지 먼 나라로 떠난 여행에서 묵었던 호텔과 같다는 생각을 다시 해 본다. 아무리 고급스럽고 아름다운 것들이라 해도 사용하던 것들을 내버려 두고 집으로 돌아가야 한다. 물질뿐만 아니라 사람에 대해서도 원래 내 것은 없는 것이기에 살아가면서 계속 비워야 하고 내려놓아야 함을 깨닫는다.

단독 주택을 넘어 요리사와 정원사, 운전 기사가 집안일을 돌보는 해변가의 저택들은 드라마나 영화 속에서 주로 볼 수 있다. 때때로 집을 팔기 위해 집 전체를 공개하는 오픈 하우스open house에서 이런 집들을 대중에게 공개하기도 한다. 오렌지카운티의 지역 신문인 오렌지카운티 레지스터The Orange County Register에 의하면 뉴포트 코스트Newport Coast, 하버 아일랜드Harbor Island, 델 마Del Mar, 라구나 비치 등 해변가의 저택들이 오렌지카운티에서 가장 비싼 가격에 거래된다고 한다. 수영장과 분수대, 아일랜드처럼 큰 아일랜드형 부엌, 두세 개가 넘는 거실, 동화 속에 나오는 듯한 침실들, 고급스러운 야외 테라스(California room) 등을 보면 세계적인 부호들이 사는 오렌지카운티라는 것이 실감난다.

이런 집들을 볼 때면 어린 시절 초등학교로 향하던 등굣길에 걸음을 멈추게 하던 독일 사람 집이라고 알려졌던 저택이 생각난다. 검고 웅장한 대

언덕 위의 저택 단지

뉴포트 코스트의 저택들과 요바 린다의 저택 단지

문 틈으로 보면 멋있게 손질된 나무들과 조각품들, 살짝 곡선을 그리며 현관으로 올라가는 돌 계단 등이 보였다. 그리 좋지 않은 동네에 자리 잡았던 이국적인 저택들은 서울에서 전쟁과 같은 긴박한 상황이 생기면 외국인들이 한강을 통해 빨리 빠져나가기 위해 지은 주택들이었다는 것을 어른이 되어서야 알게 되었다. 조금은 허탄한 마음이 들었는데 아무튼 오렌지카운티의 해변가 저택들은 어린 시절 거대한 철 대문 앞에서 한참이나 집 구경을 했던 기억을 떠오르게 한다. 아마도 현재의 어떤 대상이나 상황을 무의식적으로 과거와 연계해서 생각하기 때문인 것 같다. 어렸을 때에도 그랬지만 지금도 여전히 그런 집들을 보면 조금은 비현실적으로 다가오는 것 같다. 오렌지카운티에 빈곤율이 10.5%(The Orange County Register)인 것을 고려할 때 이곳의 빈부 격차가 어떠할지는 상상에 맡기고 싶다.

『데미안』에서 인간은 알을 깨고 새로운 세계로 나아가야 함을, 그리고 그 이면에는 동생인 아벨을 죽인 카인과 같은 인간의 악함도 작용한다는 메세지가 떠오른다. 어쩌면 우리는 다른 세계로 들어가지 않는다면 더 안전할지도 모른다. 하지만 모든 것이 흔들리고 뒤엉킨다 하여도 반드시 알을 깨고 새로운 세계를 향하여 도전해야 하는 것이다. 비록 이민 생활에서는 유리 천장에 부딪치고 한국 사회에서는 성공을 위해 올라타는 코스에서 처음부터 떨어졌다 할지라도 인생은 늘 새로운 기회를 주는 것을 잊지 말아야겠다. 오렌지카운티에는 홈리스homeless부터 대저택에 사는 부호까지 다양한 계층의 사람들이 살고 있다. 2020년, 차별 없이 감염되고 있는 코로나 바이러스 사태를 통해서도 우리는 느끼고 있지만, 결국 인간이 맞닥뜨리는 생로병사는 평등한 것이 아닌가 생각한다. 하지만 이와는 반대로 공중보건의학에서는 재난 앞에 계급이 있다고 말한다. 부자들은 개별 응급실도 있고, 바이러스를 피해 제트기를 타고 섬으로 가서 시간을 보내기도 하는 반면에 택배 배달원들은 배달이 늘어서 바이러스에 노출되는 기회가 더 많아지는 그런 현상들을 예로 들 수 있다. 코로나 바이러스로 인해 빈부격차가 더욱 심해졌다는 뉴스를 볼 때면 마음이 아프다. 불완전한 세상에서 완전함을 기대하는 것 자체가 모순일 수 있다. 그럼에도 우리는 부조리에 눈을 감거나 귀를 막지 말고 작은 일이라도 실천해야 한다.

정말 소중한 것은 돈으로 살 수 없다는 말이 사회악의 면죄부가 될 수 있다는 것은 아니다. 그렇지만 인간에게 주어진 하루 24시간, 날마다 숨쉴 수 있는 공기, 하늘과 바다, 그리고 보이지 않게 끊임없이 이루어지는 계층 간의 이동과 누구나 지고 있는 마음의 짐들, 이런 것들은 공평한 것이 아닐까. 부자가 탐심으로 주먹을 움켜쥐지 않는다면, 가난한 사람이 스스로 위축되지 않는다면, 자신에게 주어진 삶을 가장 자신답게 성장하도록 노력한다면, 분명 인생은 아름다운 다음 장이 기다리고 있다고 믿는다.

게이트 단지, 권리와 배제의 시소 타기

오렌지카운티 주택들의 특징 중 또 하나는 게이트gate이다. 이민 생활에서 친하게 지내는 친구는 늘 게이트가 있는 단지를 좋아했다. 한국에 계신 부모님께서도 자녀가 게이트가 있는 안전한 곳에서 살기를 원했다. 게이트가 있는 단지는 보안 기능이 향상되어 있기 때문에 다른 지역과의 분리가 되어 있어서 특별한 소속감을 제공해 주기도 하며, 지가 또한 높다. 물론 위험한 지역에 주택 단지를 지을 때에도 범죄로부터 보호하기 위해 게이트를 설치하지만, 일반적으로 오렌지카운티에서 게이트 단지는 고급스러움과 특별함을 상징한다고 할 수 있다. 때로는 가드를 하는 사람이 게이트의 작은 사무실에 늘 상주하면서 출입자들을 관리하기도 한다. 그로 인해 관리비가 올라가기도 하지만 단지의 유지 보수와 안전에 대해서는 신경쓸 것이 없다는 장점이 있다. 무언가 많이 왜곡된 경우겠지만 종종 게이트 안에 존재한다는 것이 게이트 밖의 세계를 배제하고 차별하는 사례도 볼 수 있다.

> 때때로 게이트 단지 안에 사는 아이의 부모가 게이트 단지 밖에 사는 친구와 놀지 말라고 하는 것을 보았다. 그런 사고를 하는 사람들을 보면 안타깝다.
> (어바인 거주, 40대, 남성)

> 한국에 계신 부모님의 도움으로 집을 사게 되었는데 게이트가 있어야 한다는 것이 하나의 조건이었다. 아무래도 게이트가 없는 동네는 아무나 돌아다닐 수 있어서 위험하다고 생각하신 것 같다. (라 미라다 거주, 30대, 여성)

리모컨을 누르면 게이트가 열리고 그 안으로 들어가면 고급스러운 주택들이 단지를 이루고 있다. 마을 전체는 조경이 아름답고 단정하게 꾸며져 있으며, 골프장이나 캐년 등의 뷰를 즐길 수도 있다. 여러 개의 수영장과 테니스장, 농구장, 헬스장 등의 시설이 있고, 단지 안에 호수가 있는 경우도 있다. 게이트가 있음으로 인해 상대적으로 더 비싼 HOA 비용을 지불하면서 낯선 외부인들로부터의 안전과 보호를 보장 받는 권리를 누리게 된다. 게이트는 여러 주택 단지 유형들 중 하나일 뿐 배제와 차별의 도구로 사용되는 것은 그 누구도 원하지 않을 것이다.

사회에서 배제된 그림자 같은 존재들의 공간

이런 여러 계층의 주택 구조에서 제외된 사람들은 차가운 벤치나 어두운 다리 밑에서 잠을 청해야 하는 홈리스가 되고 만다. 원 베드 아파트의 가격도 천차만별이지만 월세가 1,000달러(110만 원 정도)를 훌쩍 넘는 곳이 많다. 이곳에 사는 사람들 중 월세를 내지 못하면 모텔이나 작은 인Inn으로 보금자리를 옮기게 되고, 그것조차 어려우면 차에서 거주하거나 홈리스가 되고 만다.

인은 고시원 같은 곳이라고 해야 할까? 인에는 부엌이나 거실이 없는데 이곳에서 자라는 어린 아이들의 열악한 환경을 쉽게 상상해 볼 수 있다. 가끔 교회나 학교에서 아이들을 위한 기부를 받을 때 인에서 사는 아이들에게는 갖고 놀 때 큰 소리가 나는 장난감은 기부할 수 없다는 안내를 해 주었다. 아이들은 씻을 수 있는 장소와 먹을 것 등의 기본 권리를 보장 받지 못하고, 아이다움 대신 조용할 것을 강요받으며, 갇힌 것과 다를 바 없는 생활을 하기도 한다.

가끔 버스 정류장이나 마트의 한쪽 구석에서 홈리스들이 돌아다니거나 누워 있는 것을 볼 수 있다. 그들은 카트 안에 많은 소지품들을 담은 채, 낮에는 어디론가 계속 걸어갔다가 해가 떨어질 때쯤이면 돌아와 잠을 청한다. 아침이면 버스 정류장의 의자에서 일어나 카트 속에서 거울을 꺼내 얼굴을 단장하는 모습도 볼 수 있다. 다행히 오렌지카운티의 겨울이 그다지 춥지 않아 다른 주의 홈리스들이 이주를 오기도 하는데, 홈리스들의 천국인 것을 다행이라고 해야 할지 씁쓸하다. 홈리스들 중에서도 여러 개의 천막을 치고 다른 홈리스들에게 자리세를 받는 홈리스가 있다는 말을 들었다. 언젠가 뉴스에 다리 밑에 텐트를 친 노숙자가 나와 자신의 텐트는 길에서 약간 높은 곳에 쳐져 있어서 겨울에 비가 와도 끄떡 없다며 자랑하듯 말하는 것을 보았다. 어쩌면 홈리스들의 세계에서도 빈부 격차는 클지 모른다는 생각이 문득 든다.

몇년 전에 대형 서점 앞에서 인도 사람처럼 보이는 아주머니가 아들처럼 보이는 꼬마 아이와 함께 아기가 자고 있는 유모차를 밀며 구걸하고 있는 것을 보았다. 안타까운 마음에 지갑에 있는 돈을 다 챙겨서 주었는데, 어디 있었는지 모르겠지만 갑자기 건장한 남자가 나타나서 그 돈을 가로채었다. 뭔가 속은 듯한 느낌이 들어 그 후로는 홈리스처럼 보이는 사람들에게 좀처럼 손을 내밀기 어려웠다. 어떤 경우에는 차에 기름이 떨어져 집에 돌아갈 수 없으니 도와달라고 간청하길래 따라갔더니 캠핑카가 기다리고 있었고, 마지못해 100달러도 훨씬 넘게 기름을 넣어 주면서 사기를 당한 느낌이었다는 말도 들었다. 한인 마트 주차장에서 영어가 서툰 한인들을 대상으로 차를 긁었다고 거짓말로 덮어씌우며 현금을 요구하는 사람도 있었다. 처음에는 너무 당황해서 어찌할 바를 모르다가 사고에 대해 경찰에 신고하겠다고 말하니까 스르륵 도망가듯 내뺐다고 한다.

결국 선을 행할 때에도 지혜가 있어야 하고, 특히 이민 생활에서는 돌다리도 두드리는 조심성이 필요한 것 같다. 물론 경찰차도 많이 돌아다니고 있지만, 경찰의 공권력이 매우 강한 데다 총을 들고 다니기 때문에 영어가 서툰 이민자들은 때론 긴장되어서 자신의 상황을 상세히 설명하지 못하는 경우가 많다. 나도 가끔 경찰차가 지나갈 때면 긴장이 되어 한국에서 만났던 친절하고 이웃 같았던 경찰 아저씨들이 많이 그리워지기도 한다.

어바인은 홈리스가 없는 시로 유명하지만 사실은 홈리스가 들어오면 근처의 다른 시로 옮겨 놓는 것일 뿐 오렌지카운티의 홈리스 문제는 민관이 함께 고민해야 하는 심각한 사안이다. 최근에는 코리아타운에 홈리스 쉼터를 짓는 일로 시끄러웠던 적이 있다. 누구나 홈리스 문제에 대해 걱정하지만 왜 하필 코리아타운이냐는 것이었다. 홈리스를 둘러싼 대책에 민관을 넘어 인종 갈등 문제까지 제기되어 어려운 현실을 보여 주었다. 2020년 3월 중순부터 시작된 코로나 바이러스 문제도 건강 관리의 사각 지대에 놓인 홈리스가 최대 변수가 될 것이라는 말도 있었다.

LA에서 노숙자 생활을 하고 있는 한인 남성의 기사를 읽은 적이 있다. 그는 한때 평범하게 살았지만 현재는 찜질방 청소를 해 주거나 소일거리로 시간을 보내며 노숙자의 삶을 살고 있다고 털어놓았다. 물론 누구나 부러워할만한 대저택에 살고 있는 한인들도 많이 있다. 휴가가 되면 바하마, 캐나다, 하와이, 유럽이나 남미 등으로 여행을 떠나는 한인들도 많지만, 생계 문제로 인해 하루도 제대로 쉴 수 없는 사람들도 많다. 어쩌면 사회·경제적으로 다양해진 이민 사회가 한국 사회의 표본이 될 수도 있을 것이라는 생각도 든다. 그만큼 모두가 함께 잘사는 교포 사회를 만들기 위해 노력해 가야 할 것이다.

오렌지카운티의 삶의 공간은 세계적 부호들부터 홈리스까지 다양한 계층과 인종이 함께 어우러져 살아가고 있는 캘리포니아의 다이나믹한 카운티 중의 하나라 할 수 있다. 지난 노동절 연휴에는 서퍼스 포인트Surfer's Point라는 곳을 다녀왔다. 바닷가로 사람들이 몰려들 것이라는 기사로 긴장한 탓인지 생각만큼 사람들이 많지는 않았으며, 가족이나 연인 단위로 띄엄띄엄 거리를 두고 앉아 있었다. 나도 작은 방파제 옆에서 바다에 발을 담그고 있는데 누군가 튕겨나가듯 해변을 향해 뛰어갔다. 서핑을 즐기려는 서퍼였다. 나는 한동안 그를 바라보았다. 파도가 밀려오면 파도를 향해 거침없이 나아가다 파도에 다다를 쯤에는 파도의 방향과 같은 방향으로 몸을 재빨리 틀어 파도에 올라타 서핑을 즐겼다. 나는 그동안 살아가면서 만나게 되는 고통을 늘 정면으로 뚫고 나가야 한다고 생각하며 살았던 것 같다. 하지만 어느 순간에는 밀려오는 파도와 같은 방향으로 몸의 방향을 트는 서퍼를 보면서 때로는 고통이 흐르는 방향과 같은 방향으로 몸을 돌려 그 고통을 타고 올라가 미끄러질 때 오히려 그 고통에서 벗어날 수 있는 것은 아닌가 하는 생각이 들었다. 파도와 씨름하며 넘어지고 다시 일어서는 서퍼가 나에게 준 선물 같은 메시지였다.

3. 미국 할머니들의 집에 대한 애착

오렌지카운티에서는 친교 모임이나 교제, 문화 활동의 많은 부분들이 집에서 이루어진다. 집에서 빵을 굽거나 케이크를 만들고, 아이들을 가르치거나 아트 작품을 만들기도 한다. 또 때로는 집에서 비지니스 모임도 하고, 개러지(집에 부착된 주차장)에서 프로젝트를 진행하며 새로운 꿈을 꾸기도 한다. 애플의 창시자인 스티브 잡스도 개러지에서 사업을 시작했고, 월트 디즈니는 사업이 망해 친구 집의 개러지에서 지내면서 돌아다니는 생쥐를 보며 미키마우스를 디자인했다고 한다. 대도시의 근교 지역은 한적하고 밤문화가 드물다 보니 자기 집 마당에서 바베큐 파티를 하거나 결혼 피로연, 생일 파티 등을 하기도 하며, 추수감사절이나 크리스마스 같은 명절에는 각 주에 퍼져 살고 있던 가족들이 집에 모여 파티를 연다.

집은 나와 가족이 함께 숨쉬며, 음식을 먹고 잠을 자는 등 삶의 원초적인 일들이 이루어지는 곳이면서, 이웃이나 친구들처럼 확장된 가족과의 만남이 이루어지는 곳이다. 집은 그만큼 소중하기에 소파의 색깔과 감촉, 커튼의 두께와 길이, 테이블과 장식장, 벽과 천장 등 모든 것들이 조화를 이루도록 노력한다. 어쩌면 노력이 아니라 그저 그 가정만의 색이 자연스럽게 묻어나고 향기가 배어 있는 공간이라 할 수 있다.

젊은이가 미래를 먹고 산다면 노인은 과거의 환상 속에서 살아간다는 이

크리스마스를 맞아 가족, 친구들과 홈파티. 집의 외관을 크리스마스 트리와 장식으로 꾸미는 경우가 많다.

푸 투안(1974) 교수의 글을 보았다. 노인 중에서도 미국 할머니들의 집에 대한 애착에 대하여 이야기해 보려고 한다. 미국에 처음 와서 어디에도 소속되지 못했을 때 미국 할머니들이 따뜻하게 감싸 주었던 기억이 있다. 노인들을 위한 수업인 줄 모르고 작문 클래스에 들어갔다가 외국인 할머니들을 많이 만나게 되었다. 그분들에게는 당연히 영어도 서툴고 모든 것이 처음인 내가 초보 외국인으로 보였을 것이다.

마이나 할머니는 빵 굽는 것도 가르쳐 주고, 정말 오랜 세월 동안 사용한 것처럼 보이는 빵 만드는 기구들을 내게 선물해 주었다. 린다 할머니는 내가 끓인 라면을 드시다가 너무 매워서 거의 눈물까지 흘리는 바람에 나는 너무 당황했었다. 그들은 나에게 자신들이 젊었을 때 경험한 이야기를 들려 주면서, 결혼 생활이나 자녀 교육 등에 대한 삶의 지혜도 나누어 주었다. 한번은 나도 모르게 깜짝 파티를 열어 주어서 행복한 추억을 만들어 주기도 했다. 그런 것들이 삶이 주는 선물 같다.

미국 할머니들은 집에 대한 애착이 대단하다. 할머니 집의 전형적인 이미지는 아마도 은은한 꽃무늬 소파와 체크 무늬 커튼이 드리워진 창문 사이로 비추는 눈부신 햇살일 것이다. 벽난로와 커다랗고 푹신한 방석이 올려진 흔들의자가 있고, 어떤 때에는 오래되고 포근한 호텔 로비 같은 이미지로도 느껴진다.

가족의 주거 단위인 가정은 개인을 둘러싼 공간과 미시적 지역, 나아가 세계의 중심이라고 할 수 있다(구디, 1971). 할머니라는 존재는 두 세대 이상에 걸쳐 이룬 가정에 자기의 중심을 두고 존재 가치를 찾는 분이다. 집이란 미국 할머니들에게 어떤 의미를 갖는 걸까? 할머니들과 지내며 짧은 인터뷰를 부탁해 보았다. 할머니들에게 집은 자신이 결혼했던 곳, 자녀가 태어난 곳, 어린 시절 강아지와 함께 뛰어놀던 추억의 장소이다. 그리고 현재 노인인 자신이 살고 있다는 것에 가장 크게 의미를 두고 있었다.

홈home이란 가족 구성원들 간에 사랑과 화합이 펼쳐지는 곳이다. 하우스house는 거주자의 사랑이나 애착이 없는 단지 빌딩 혹은 구조물이라고 생각한다. 나는 괌에서 태어났지만 현재 살고 있는 라 미라다가 나에게 가장 의미 있는 곳이다. 집에서 가장 마음이 편한 곳은 거실이고, 집이란 추억이 담긴 장소라고 생각한다.

플로어 (괌 출신, 70세)

나에게 홈이란 편안함, 안전함, 보안, 사랑하는 가족과 함께하는 곳, 돌아가고 싶은 곳이다. 하우스는 일이 많은 곳, 유지 보수가 필요한 곳, 가족들에게

라 미라다시의 글쓰기 클럽에서 만난 할머니들과의 모임

만 열려 있는 곳이라고 생각한다. 가장 기억에 남는 집은 현재 살고 있는 집이다. 이 집에서 사는 동안 리모델링을 했고, 자녀들이 결혼했으며, 손주들이 태어났다. 18살이 될 때까지 (임대) 아파트에 살았고 라 하브라La Habra로 이사해서 결혼하기 전까지 살았다. 결혼 후에도 잠시(3개월) 아파트에 살았다. 그후 집을 구입했고 세 자녀가 태어났다. 1984년 이후부터 줄곧 이 집에 살고 있다. 나는 이것을 홈이라고 생각한다. 바바라 (백인, 65세)

지금 살고 있는 곳이 나에게 가장 소중하고 안정감을 준다. 집안에서 가장 편안한 곳은 거실이다. 어릴 때 집에 돌아오면 맡을 수 있었던 엄마의 빵 굽는 냄새가 아직도 생각난다. 요즘은 다들 집에서 빵을 잘 굽지 않지만, 나는 집에서 빵이나 쿠키를 만드는 시간이 너무 즐겁다. 집은 추억의 장소라고

바바라 할머니의 집에서 티타임

생각한다. 마이나 (백인, 66세)

홈이란 가족 간의 사랑과 연대감이 재현되는 곳이다. 하우스란 한 개인이 살아가는 곳이라고 생각한다. 가장 기억에 남는 집은 산 페르난도 밸리San Fernando Valley에 있던 집이다. 풀이 자라던 길이 아직도 생생하다. 내가 11~13살에 살았던 집인데 그때 나는 강아지와 함께 많은 탐험의 시간을 보냈다. 나의 어린 시절의 집과 결혼했을 때 집이 가장 많이 생각난다. 가장 편안한 곳은 거실이다. 집이란 '나만의 공간'이라고 생각한다.

사라 (히스패닉, 69)

현재의 집이 나에게 가장 의미 있다. 집에서 가장 편안한 곳은 거실이다. 집이란 추억이 계속 쌓이는 장소라고 생각한다. 그리고 사랑하는 가족들과 친구들과의 만남이 이루어지는 곳이기도 하다. 캐롤 (백인, 71)

커뮤니티 센터에서 작문 수업을 듣는 할머니들이라는 공통점이 있지만, 노인 세대라면 누구나 집에 그렇게 많은 기억의 향연을 갖고 있을 것이다. 마지막 인생 행로의 단계에서 자신의 안식처가 되어 주는 집은 할머니들에게 자산의 의미보다 애착의 대상이라 할 수 있다.

잠시 눈을 감고 생각해 보기 바란다. 내가 태어나서 자란 곳. 내가 기억하는 어린 시절의 집은 어떤 추억을 가져다 주는지. 내게는 유난히 계단이 많았던 파란대문집과 사춘기 시절을 보냈던 빨간벽돌집이 생각난다. 뒤돌아 보니 삶의 장소가 바뀌었던 때에는 기쁘고 설레는 기억은 물론 슬픈 기억들도 함께 굵직한 흔적을 남겨 왔다. 내가 옮겨 왔던 그 모든 시간과 장소들은 있는 그대로의 나의 삶을 만들어 주었다. 창조주가 에덴 동산을 만들고 아담을 지었던 것처럼, 부모가 요람을 준비하고 아기를 맞이하는 것처럼, 우리의 존재를 포근히 맞이할 대지는 우리가 이 땅에 태어나기 전부터 우리를 맞이할 단장을 한 것은 아닐까? 지나온 모든 날들은 감사로, 맞이할 내일은 소중한 선물의 포장지를 풀어 보듯 소망을 품으며 맞이하고 싶다.

자신을 표현하는 공간으로서의 집

조금 다른 이야기지만 요즘에는 할로윈이 다가오면 집을 유령의 집(헌트하우스)처럼 꾸미는 경우가 많아졌다. 죽음을 기리는 절기를 따르기도 하고 상업화되는 경향도 있어서 점차 꾸미는 정도가 심해지고 있다.

가을 축제를 상징하는 추수감사절에는 미국 내에 흩어져 살고 있는 가족들이 모두 모여 칠면조 요리와 호박파이, 크랜베리와 옥수수 요리 등을 해서 함께 나누어 먹으며 행복한 시간을 보낸다. 그리고 크리스마스가 다가오면 오렌지카운티의 곳곳에는 지붕 위나 마당을 아름다운 장식으로 꾸민 집들이 하나 둘 늘어나기 시작한다. 때로는 각지에서 구경 오는 자동차들로 인해 긴 행렬이 이루어지기도 한다. 요바 린다에는 호수를 끼고 있는 많은 집들이 크리스마스 장식을 테마별로 꾸미는데, 그 불빛들이 호수에 비추면서 장관을 이룬다.

한인들이 점차 이주하고 있는 브레아시에서도 마을 전체를 크리스마스 장식으로 꾸민 지역이 있다. 아마도 집은 이들에게 단순한 건물을 넘어 자신을 표현하고 이웃과 교감하는 곳이기 때문일 것이다. 해마다 반짝거리는

요바 린다 시, 인공 호수가 있는 이스트 레이크 단지의 크리스마스 장식

장식들로 아기자기하게 꾸며진 집들을 볼 수 있는 것은 큰 기쁨 중의 하나이다. 한인들은 상대적으로 집 내부의 열린 공간을 좋아해서 집안이 넓고 뻥 뚫려 있다는 느낌이 들고, 집안에서는 신발을 신지 않아서 더욱 깔끔하다고 할 수 있다. 하지만 인도 사람의 집에 카레향이 배어 있는 것과 마찬가지로 한인들의 집안에서는 김치나 된장 같은 특유의 짙은 향이, 미국 사람의 집에는 코를 자극하는 향수가 깊이 배어 있을 수도 있다. 어쨌든 한인들이 살아가는 모습도 오렌지카운티의 다양한 인종과 민족들이 사는 방식처럼 다양하다고 할 수 있다.

온 가족이 함께 살아갈 수 있는 보금자리를 마련하는 것은 이민 생활의 출발이라고 할 수 있다. 때론 결혼 생활의 시작일 수 있고 인생의 새로운 챕터인 대학 생활이나 직장생활의 시작일 수도 있다. 새로운 삶을 위한 공간인 집은 이러한 시작을 축복하는 포근한 둥지라고 할 수 있다. 실존 공간으로서의 오렌지카운티의 집은 한 존재를 위한 변함 없는 대지와 하늘을 향한 출발점이다. 저녁이면 포근한 잠자리에 들고, 아침이면 햇빛을 맞으며 아침 식사를 준비하는 것은 쉽게 얻을 수 있는 행복이 아닌데 우리는 곧잘 당연시하며 감사를 잊는 것 같다. 그리고 할머니들이 정성스럽게 정원을 가꾸고, 빵을 구우며, 소파에 앉아 햇볕을 쬐는 그런 안락함과, 추억을 소환할 수 있는 여유로움을 집은 늘 선물해 주는 것이 아닌가 생각해 본다. 특히 전세 개념이 없어서 아무리 싼 렌트 비용도 1,000달러를 훌쩍 넘겨 지불해야 하는 오렌지카운티의 현실 속에서는 할 수 있다면 모기지 페이먼트를 내더라도 내 집 마련을 서두르는 것이 장기적으로는 절약하는 길이라는 것을 말하고 싶다. 우리가 살아가는 삶 속에서 집이라는 공간은 가장 의미 있는 실존적 장소인 동시에, 조금은 차가운 경제 사회에서 일정한 법칙을 따라 움직이고 있는 개인에게 가장 큰 자산이기 때문이다.

투안(1977)은 사람들이 집에 최상의 가치를 두고 있고, 만약 집을 포기하는 일이 생긴다면, 그것은 상상하기 어려운 고통이라고 말한다. 삶 전체가 집에서 시작되고 집에서 마감되기 때문이다. 추운 겨울 벽난로 앞에서 온 가족이 모여 행복한 시간을 보내는 그런 포근한 집, 모두가 그렇게 포근한 집에서 따뜻한 겨울을 보낼 수 있다면 좋겠다.

4. 삶과 죽음의 세레모니

오렌지카운티의 묘지들은 도서관이나 주택가, 공원 옆, 소방서 옆 등 곳곳에 자리 잡고 있다. 평평한 땅 위에 세워 놓은 비석에는 저마다의 이름이 적혀 있고 꽃들이 놓여 있다. 아이들이 다녀간 곳에는 풍선이 놓여 있기도 하고, 크리스마스 때에는 작은 성탄 트리가 놓여 있기도 한다. 인생이란 삶과 죽음이 공존하는 것인데, 그렇게 생각하면 이곳은 잘 짜여진 도시라고 할 수 있다. 고층 빌딩은 많지 않지만 나는 이곳을 늘 작은 도시라 부르고 싶다.

오렌지카운티의 풀러턴시에 배스텐추리길에는 고급 주택 단지들과 실버타운, 세인트 주드St. Jude종합병원, 말을 직접 키우고 있는 동물병원 등이 자리 잡고 있고, 병원과 고급 주택 단지 가까운 언덕 위로는 묘지도 함께 있지만 어색하지 않고 자연스럽다. 처음 미국에 와서 살았던 라 미라다에는 시청과 소방서 옆에도 묘지가 있었는데 한동안 나는 그것이 묘지인지도 모르고 지냈다.

미국에 와서 장례식을 여러 번 참석하게 되었는데 한국과 가장 달랐던 것은 쇼잉showing이라는 시간이었다. 장례 예식이 끝나면 모두 앞으로 줄을 지어 나와 관 속에 누운 고인의 얼굴을 보며 차례차례 마지막 인사를 한다. 처음엔 조금 무섭고 어색했지만 세월과 함께 그것이 사랑하는 이를 잃고 남겨진 사람들의 슬픔을 덜어 주는 것처럼 느껴졌다.

로즈 힐Rose Hill은 한인들이 많이 묻히는 꽤 규모가 있는 묘지인데 장례식장을 겸하기도 한다. '장미 언덕'. 생을 마감하며 이 땅의 사람들과 이별하는 곳, 그 이름이 무척 아름답다.

미국에 이민 온지 2년이 조금 안 되었을 때, 지금은 파사데나Pasadena에 있는 사랑의빛선교교회의 담임 목사로 부임하신 윤대혁 목사님과 12명의

로즈 힐 공동묘지

여성들로 구성된 제자반이라는 프로그램을 남가주 사랑의교회에서 1년 동안 받게 되었다. 예수님이 자신을 둘러싼 수많은 대중들이 아닌 오직 12명의 제자들을 훈련시키고 함께 삶을 나누셨던 것처럼 제자반 훈련은 1년 동안 동고동락하며 때론 집으로 초대하여 맛있는 음식을 나누고 제자된 삶을 배우는 훈련 프로그램이다. 제자반이 끝나갈 무렵 딸이 태어날 예정일이 다가왔는데 담당 목사님과 자매님들은 베이비 샤워baby shower 파티를 열어 주었고, 딸이 태어났을 때에는 목사님과 사모님께서 너무 예쁜 연보라 드레스를 사서 직접 병원을 방문해 주셨다. 아직 두 돌이 안 된 첫째 아이와 갓난 아기를 돌보아야 할 딸을 걱정하는 친정어머니를 안정시켜 주고 격려해 주고 기도해 주셨던 시간들이 지금도 눈에 선하다.

제자반 훈련이 끝나고 5년 정도 흘렀을 때 12명의 자매님들 가운데 한 분이 먼저 천국에 가게 되었고, 나는 먹먹한 마음을 안고 장례식에 참석했다. 영정 사진과 함께 관이 중앙으로 나가고 하객들이 차례로 뒤따라 장례식장을 빠져나갔다. 눈물을 흘리고 있는 우리 모두가 언젠가는 걸어갈 길이라는 것을 새삼 깨닫고 욕심부리며 끝없이 이루지 못한 것들에 대해 힘들어했던 나 자신을 돌아보았던 기억이 난다. 그리고 천국의 소망과 영원한 생명에 대하여 생각해 보았다. 얼마나 많은 한인들이 이 타국의 로즈 힐에 묻힐까? 이런저런 생각으로 마음이 복잡했다. 제자 훈련이 끝나고 벌써 8년이 더 지났지만 우리는 계속해서 함께 기도하며 소중한 삶을 나누고 있다.

가끔 타국에 사는 이들의 눈빛 속에서 그리움을 발견할 수 있다. 이민자로서의 삶, 아직 미지수인 것이 많지만 그렇지 않은 인생이 또 어디 있을까. 마지막 책장을 넘기는 순간이 오듯, 마지막 티슈를 빈 상자에서 꺼내는 순간이 오듯, 우리에겐 모두 마지막이 올 것임을 늘 기억하며 살아야겠다.

다시 분위기를 바꾸어 이제 새로운 생명에 대한 이야기를 하려고 한다. 투르니에Paul Tournier(1979)에 의하면 한 인격이 된다는 것은 자신에 대해 책임과 내적 소명감에 반응하며 자유롭게 인생의 목표를 설정하고 달성할 경로를 택할 수 있음을 전제한다. 즉 하나의 인격체로서 인생을 살아가는 것이다.

인간이 부모와의 연합에서 온전히 분리되는 시점은 결혼 제도를 통해 새로운 가정을 만드는 때라고 생각한다. 20년 넘게, 때로는 30년, 40년 넘게 한 인간으로서 자신의 생각과 취향, 목표를 갖고 마치 두 평행선처럼 살았던 남녀가 어느날 크로스cross되는 순간을 맞이하고, 이후에 사랑의 언약을

재미 교포 2세 북한 선교사의 결혼식

하고 함께 살아간다는 것은 다시 생각해도 기적 같은 일이다. 부모와 형제 외에 우리가 타인을 그처럼 믿을 수 있다는 것이 신비롭다.

미국에서 11년 넘게 살면서 10번 정도의 결혼식에 참석해 본 것 같다. 해변가의 야외 결혼식부터 미국 교회에서의 결혼식, 가까운 한인 교회에서의 결혼식 등, 저마다의 눈부신 색깔이 있었다. 신부의 드레스가 아름다운 것은 한국의 결혼식과 다르지 않았지만 들러리들의 드레스 색깔과 맞춰진 꽃과 테이블 색, 신랑과 신부 친구가 축하의 편지를 읽어 주는 시간, 게임이 곁들어진 피로연, 그리고 신부와 신부 아버지의 댄스 등 순서마다 모두 특별하고 마치 저마다의 이야기를 들려 주듯 색달랐다. 그중 가장 기억에 남는 것은 재미 교포 2세 선교사의 결혼식이다. 선교사님은 북한 선교를 위해 중국에 홀로 나가서 거주하다가 조선족 남자와 결혼하게 되었고, 북한, 중국, 미국에서 각각 결혼식을 올렸다. 미국에서의 결혼식에서는 북한의 흙을 담은 병에 자신이 태어난 미국의 흙과 남편이 태어난 중국의 흙을 부으며 두 사람이 평생 북한을 위해 살아갈 것을 다짐하는 의식을 가졌다.

그리고 미국에 와서 네 번째 가 본 결혼식에서는 재일 교포인 아버지와 신부의 댄스를 보면서 마음이 짠했다. 결혼식이 끝나면 곧 신부의 가족들은 일본으로 돌아갈 것이라 생각하니 나의 결혼식이 끝나고 가족들이 모두 한국으로 돌아갈 것을 실감하지 못했던 철없는 나의 모습이 떠올라서 그랬을까? 아니면 한국으로 돌아가는 비행기 안에서 막내딸 생각에 가슴이 막혀 숨을 제대로 못 쉬었다던 어머니 생각과 오버랩되어서 그랬던 것일까?

참된 책임과 배려, 섬김의 시작이 결혼이 아닐까 생각한다. 미국에서 결혼 생활을 시작하면서 인생에도 연습이 있다면 참 좋겠다는 생각이 들었다. 부부 관계나 고부 관계, 아이를 키우는 것도 …. 이것은 처음이라 잘 못

결혼 피로연장으로 꾸민 한인 교회의 체육관(좌), 미국 교회에서 열린 결혼식의 피로연장(우)

야외 결혼식장

한다는 변명을 할 틈도 없이 결과는 고스란히 내 앞에 놓이게 되어 종종 시야를 가려 버린 적이 많았다. 하지만 그런 시행착오들도 삶의 한 조각이 되고 흐르는 시간과 함께 성숙해 간다.

싱글은 결혼한 사람을 부러워하고, 결혼한 사람은 싱글을 부러워한다고 어떤 책에서 읽은 것 같다. 지금 싱글이라면 마음껏 도전하고 어디든 떠나라고 말해 주고 싶다. 그리고 지금 결혼했다면 그래도 자유를 지키라고, 다시 도전하라고, 어떠한 환경 속에서도 자신을 잊지 말라고 말하고 싶다. 결혼을 하면 모든 것이 달라지는 것 같다. 생각할 것도 많아지고 어른으로서 책임도 기하급수적으로 늘어난다. 그렇지만 서로의 다름이 부딪치며 다듬어져 가는 것 또한 알 것 같다.

늘 기억할 것은 한 걸음씩만이라도 계속 함께 나아가야 한다는 것이다. 인생이 그렇겠지만 결혼 생활도 가끔 지치고 힘들어 주저앉고 싶을 때가 있다. 하지만 걸음을 멈추지 않고 앞으로 계속 나아가야 하는 것 같다. 삶은 언제나 두 번째 기회를 주기 때문이다. 언젠가 영화 '벤허'의 주인공이 전차 경주를 하는 장면을 찍을 때 말을 타 본 적이 없어 걱정했다는 이야기를 들었다. 그때 영화 감독은 아무 걱정하지 말고 말 고삐만 꽉 붙잡고 있으면 우승하는 장면은 자신이 만들 것이라고 격려했다고 한다. 결국 마지막 전차 경주 장면은 세기에 남을 명장면이 되었다. 그렇게 우리 인생도 고삐만 놓지 않고 잘 붙잡고 있으면 가장 좋은 결과로 이끌어 주시지 않을까?

요즘은 한국에서도 많이 한다고 들었는데 미국에서는 아기가 태어나기 전에 예비 엄마와 친구들이 베이비 샤워 파티를 한다. 태어날 아기를 위해 선물 세례를 하고 다양한 게임을 하는 것이다. 어떤 미국 할머니는 베이비 샤워는 선물로 샤워하는 것이라고 말해 주었는데, 베이비 샤워, 브라이들

샤워bridal shower에서 쓰는 샤워shower라는 단어가 잘 와닿지 않아서 웃었던 기억이 난다. 아무튼 베이비 샤워 선물로 자주 등장하는 것이 기저귀로 만든 케이크이다. 망가뜨리기에는 너무 아까운 케이크지만 아기가 태어나면 하나씩 꺼내 쓰기도 한다. 게임의 예를 들면 끈을 나눠 주며 예비 엄마의 배 둘레를 짐작해 보라고 문제를 내고 가장 근사치인 사람에게 선물을 주기도 한다.

태어난 아기는 100일을 맞이하며 가족들의 축하를 받는다. 그리고 1년이 되었을 때에는 골프장에서 이루어지는 화려한 돌잔치, 혹은 집안 거실에서 가족들과 이루어지는 소박한 돌잔치를 사랑하는 이들과 함께한다. 또 시간이 지나 유치원, 초등학생, 중학생, 고등학생, 대학생 혹은 직장인으로 성장한다. 물론 사람의 수만큼 다양한 자기만의 인생 그림을 그리며 자라나겠지만 말이다. 그리고 성장하여 결혼을 하고 새로운 가정을 이루기도 하고 아이를 갖는다면, 출산의 과정을 겪는다. 또 그렇게 다시 중년이 되어 가고 머리가 하얗게 변하는 노년이 되어 가는 삶을 선물 받는다. 어제와 오늘

베이비 샤워 선물과 기저귀 케이크

그리고 내일이 연결되어 있는 것처럼 우리의 생애도 다른 사람들의 생애와 연결되어 있다. 우리는 저마다의 생애 속에서 사랑의 빚을 지며 살아가고 있는지도 모른다.

생애 주기에 따라 가족 구성원과 그들이 살아가는 삶의 장소는 숨쉬듯 계속해서 변한다. 부모님이 이루어 놓은 둥지에서 자신만의 세계를 찾아 나서고, 또 자신의 보금자리를 만들어 가는 과정이 계속된다. 한 존재가 장성한 어른이 되기까지 부모가 쏟는 사랑과 지원은 숭고하기까지 하다.

몇 년 전, 집 앞에 작은 새 둥지가 있는 것을 보았다. 작은 소리에도 푸더덕 소리를 내며 날아가던 회색빛 새가 어느 날부터 꼼짝하지 않고 둥지에 앉아 있어 계속 신경이 쓰였다. 결국 단지의 정원사에게 새 둥지를 치워 줄 수 있는지 물어보았더니 정원사는 아마도 새가 알을 품고 있을 것이니 조금만 기다려 주면 날아갈 것이라고 알려 주었다. 나는 그 말을 듣고 그 새를 경이롭게 바라보았다. 현관문을 제아무리 쾅쾅 닫아도 미동도 하지 않

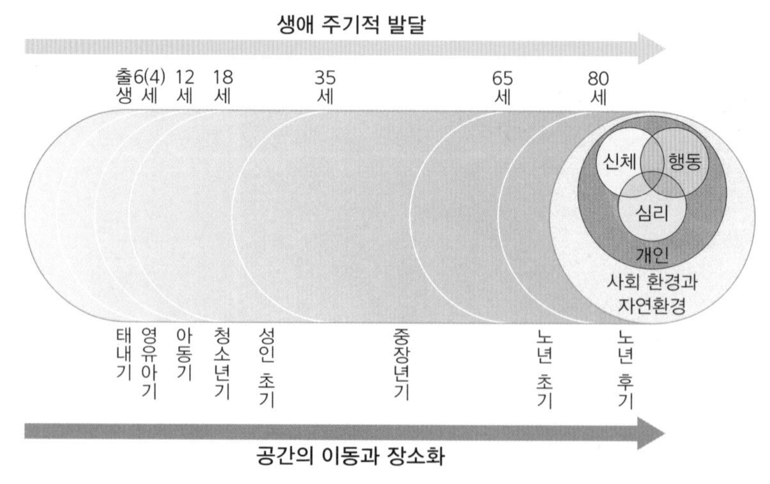

그림 5-1 신체, 심리, 행동과 사회·자연환경 간의 상호작용과 생애 주기에 따른 장소화

고 까만 눈만 두리번거리는 것을 보면서 나는 어미새가 자신의 생명을 걸고 있다는 것을 느낄 수 있었다. 그리고 시간이 지난 어느 날 정말 빈 둥지만 남아 있는 것을 발견하였다. 아마도 알을 깨고 나온 아기새는 성장해서 새로운 세계로 날아갔을 것이다. 그 아기새는 자신을 변함 없이 지켜 주었던 엄마의 품과 그 둥지를 기억하겠지. 요즘엔 비혼주의자도 많지만 어쩌면 우리 모두 어머니의 사랑에 기대어 삶을 살아가는 것 같다. 그리고 우리를 품어 주었던 안전하고 따뜻한 둥지가 있었고, 살아가면서 옮겨 왔던 그 모든 시간들과 장소들은 우리의 삶을 아름답게 만들어 주었다. 그림 5-1처럼 우리의 생애와 환경은 계속해서 변화해 가지만 사랑의 기억들은 언제나 존재를 보호해 주는 울타리가 되어 주고, 멀리 날아갈 수 있도록 날개가 되어 준다.

삶의 모험

투르니에(1965)는 국제적십자와 같은 NGO 수장들의 진취적인 활동의 동기를 '삶의 모험'으로 해석했다. 즉 생각을 행동으로 바꾸는 추진력을 모험이라고 보았다. 모험은 목표를 추구하는 응집력을 갖는 동시에 위험을 감수해야 한다. 인생이란 두려움을 면제 받은 생애가 아니라, 이를 극복하고 살아가는 생애를 말하기 때문이다. 또 그렇게 인간은 전 생애를 통해 모험을 하는 것일 수 있다. '용기란 두려움이 없는 것이 아니라, 두렵지만 그보다 더 소중한 것이 있음을 아는 것'이라는 작가 공지영의 글도 투르니에의 글과 일맥상통하는 것 같다.

어려서 부모님이 돌아가시고 고아가 되었지만 친척 어른의 사랑으로 세계적인 기독교 작가가 된 폴 투르니에는 『인간의 자리』에서 인간이 지니는 중간 지대의 불안함에 대해 말했다. 분당 우리교회 이찬수 목사님의 설교에서 두 번이나 예화로 들어서 더 마음에 남아 있었다. 그것은 공중 곡예를 할 때 한쪽 그네에서 손을 놓아야 다른 쪽 그네로 갈 수 있는 그 지점을 말한다. 우리는 얼마나 손을 놓기를 불안해 하는지…. 그것은 더 멋진 곡예와 피날레를 위한 시작일텐데…. 우리는 불확실성 속에서도 손을 놓을 줄 알아야 하고, 그래야만 새로운 세계로 나아가게 된다는 것을 기억해야 한다. 이민이란 선택과 행동 또한 꽉 잡고 있던 손을 놓고 공중에 홀로 떠 있는 그 중간 지대의 두려움을 넘어 반대편의 새로운 그네를 붙잡는 순간과 같다. 그러고 나면 그네가 인도하는 또 다른 세계를 향해 날아가게 된다.

용기를 갖고 모험을 계속해 나갈 수 있도록 우리는 인생의 단계마다 새로운 동기를 부여해야 하고, 의미 있는 만남을 가져야 한다. 어떤 모험도 최초 목표와 다른 새 목표를 향한 새 출발과 신선한 자극 없이는 지속될 수 없다. 모든 모험이 시들해지다 중지되는 것은 그 모험이 실패했기 때문일 수도 있지만, 성공했기 때문에 그렇게 되는 경우가 더 많다고 한다. 이상이 현실이 되는 순간, 곧 이상은 좀 더 높은 곳으로 날아가 버리기 때문이다. 그래서 여행의 끝은 새로운 여행의 시작이라는 것을 잊지 말아야 침체에 빠지지 않는다.

우리가 살아가고 있는 시간의 개념에 대해 생각해 본다. 오늘과 내일은 연결되어 있다. 오늘은 어제와 이어져 있고, 오늘 밤이 지나면 내일 아침이 된다. 그래서 오늘 우리에게 주어진 하루를 감사하면서 보낼 수 있다고 생각한다. 혹 오늘 무거운 짐을 맞이해야 하는 날이라 해도 그것은 어느 날 하늘에서 뚝 떨어진 짐이 아니기에, 어제와 오늘이 끊임없이 연결되어 온 날이기에 그 시간의 흐름만큼 우리는 그 짐을 감당할 수 있도록 자라나 있는 것이라 믿는다.

요즘엔 더 나아가 액티브 에이징active aging이라는 말을 많이 사용하는데 그저 수동적으로 나이 들어가는 것이 아니라, 청년과 마찬가지로 계속해서 새로운 것을 배우고 변화하고 네트워크를 형성해 나가면서 나이를 적극적으로 받아들이는 것을 말한다. 우리가 살아가고 있는 지구의 한 부분은 한 개인이 자신만의 렌즈로 바라본 문화와 관습, 선호와 이미지를 통해 계속해서 형성되고 있기 때문에 개인이 끝없이 탐구하고 발전해 나가는 것은 너무나도 중요한 일이다(로웬탈, 1961). 마무리하자면 나이를 들어가는 것에도 적극적인 수용이 필요한 것과 같이, 인생의 새로운 단계마다 다시 새로운 공간으로 나아가야 할 때에도 담대하게 맞이하며 유의미한 장소가 되도록 품고 사랑해야 할 것이다. 우리 앞에 놓여진 아직 열어 보지 않은 삶의 보물상자들을 기대하며 말이다.

나오는 말

인간은 태어나면서 어떠한 장소에 소속되고 그 장소는 존재를 구성하는 바탕이 된다. 장소는 인간을 길러 내는 엄마의 품처럼 무의식적으로 한 인간의 지향점이 되는 동시에, 정체성을 형성하는 출발점이 된다고 할 수 있다. 실존 공간으로서의 상징적인 집에 대해 앞서 이야기했지만, 집이란 인간이 생애를 시작하면서 처음 맞이하게 되는 따뜻한 장소이며, 또한 생을 마감하는 나비의 작은 알egg(beginning)과 고치cocoon(transfer) 같은 것이라고 말하고 싶다. 어머니의 모태라는 다른 세계에서 우리 모두는 태어났고, 인생이라는 여행을 마치면 또 마지막 순간에 다른 세계(본향)로 돌아갈 것을 믿기 때문이다. 고치가 굳어져 죽는 것이 아니라 그저 껍질을 벗고 자유롭게 나비가 되어 날아가는 것처럼, 우리의 생애도 차갑게 굳어진 몸으로 끝나는 것이 아니라 더 아름다운 영원한 세계로 이동하는 과정이라는 것이다.

그리고 한국의 어딘가에서 삶을 시작해서 지금은 미국의 대도시이든 아니면 작은 마을이든 새로운 정착을 하며 살고 있는 재미 교포 한 분 한 분에게 고향에 대한 건강한 지향과 함께, 현재 삶의 장소를 더욱 사랑하며 살아가자고 격려하고 싶다. 미국 곳곳에는 200만 명도 넘는 한인 디아스포라들이 함께 치열한 삶을 살고 있다는 것을 늘 기억하면서 말이다.

또 미국에 살다 한국으로 귀국한 분들의 규모를 정확히 알 수는 없지만 그분들이 한국에서 미국을 정말 그리워한다는 이야기를 많이 들었다. 오렌지카운티에 살다 돌아간 어떤 분은 주차장 바닥에 두 라인으로 그어진 주차 공간에 주차할 수 있고 내릴 때 차문도 활짝 열 수 있는 것이 행운인 것을 알아야 한다고 웃으며 말한다. 또 끝없이 펼쳐진 해변과 팜트리, 맑은 공기와 낯선 한적함을 그리워하기도 한다. 그렇게 사람은 어디에 살든지 계속 어떤 장소를 그리워하며 사는 것 같다. 나 역시 한 번도 가보지 못한 유럽의 고풍스러운 건축물들과 경이로운 자연을 늘 그리워하며 언젠가는 꼭 가 볼 것이라고 다짐한다. 그리고 그러한 다짐이 메마른 삶 속에서 단비처럼 살아가는 힘이 되는 것 같다.

들어가는 글에서 언급했었는데 2년 동안 함께 살았던 6학년 조카가 올해 인디애나 경영대Indiana Kelly School의 대학생이 되어 다시 미국으로 오게 되었다. 에세이를 쓰면서 미국에 살던 2년간의 추억이 바탕이 되었다는 말을 해 주었을 땐 나의 마음이 뭉클했다. 그런 것들이 힘에 벅찬 시간을 지난 후 삶이 주는 귀한 열매겠지. 모든 것이 낯설기만 할 새로운 삶의 장소로 떠나는 조카의 출발을 다시 한번 축복한다.

아직은 미국 전체 인구의 1%도 되지 않는 한인들이지만 더 밝은 마음과 여유로움을 가지고 미국을 넘어 세계를 향해 나아가기를 기대해 본다. 그것이 지금 숨쉬고 있는 삶의 장소에 사랑이라는 거름을 주는 일에서부터 출발하기를 지리학자로서, 재미 교포로서 희망해 본다.